好想为你做便当

neinei / 著

化学工业出版社

·北京·

定居日本的neinei有感于风靡全日本的便当文化，开始为双胞胎儿子量身定制花式便当。在neinei的巧手下，普通的便当化身为让人叹为观止又忍俊不禁的美丽画卷，不仅让儿子爱上了吃饭，也为她赢得了日本花式便当大奖。在neinei看来，花式便当并不难，只要你有心，有爱，普通的食材就能打造你和家庭的甜蜜生活。

在本书里，neinei不仅分享了她最得意的60道花式便当，还详细地介绍了花式便当的起源、常备材料、调味料、造型方式、便当盒的选择等。

图书在版编目（CIP）数据

好想为你做便当 / neinei著．—北京：化学工业出版社，2014.8（2017.6重印）
ISBN 978-7-122-21018-0

Ⅰ．①好… Ⅱ．①n… Ⅲ．①食谱 Ⅳ．①TS972.12

中国版本图书馆CIP数据核字（2014）第135630号

责任编辑：张　曼　龚风光　　装帧设计：谷声图书
责任校对：战河红

出版发行：化学工业出版社（北京市东城区青年湖南街13号　邮政编码100011）
印　　装：北京方嘉彩色印刷有限责任公司
710 mm×1000 mm 1/16　印张14½　字数210千字　2017年6月北京第1版第7次印刷

购书咨询：010-64518888（传真：010-64519686）
售后服务：010-64518899
网　　址：http：//www.cip.com.cn
凡购买本书，如有缺损质量问题，本社销售中心负责调换。

定　价：49.80元

目录

CONTENTS

part1

让“带餐”成为最有爱的一件事

part2

花式便当基础知识

60道花式便当的秘密

part3

小方法

营养健康便当

清新素食便当

多彩特色饭便当

豪快盖饭便当

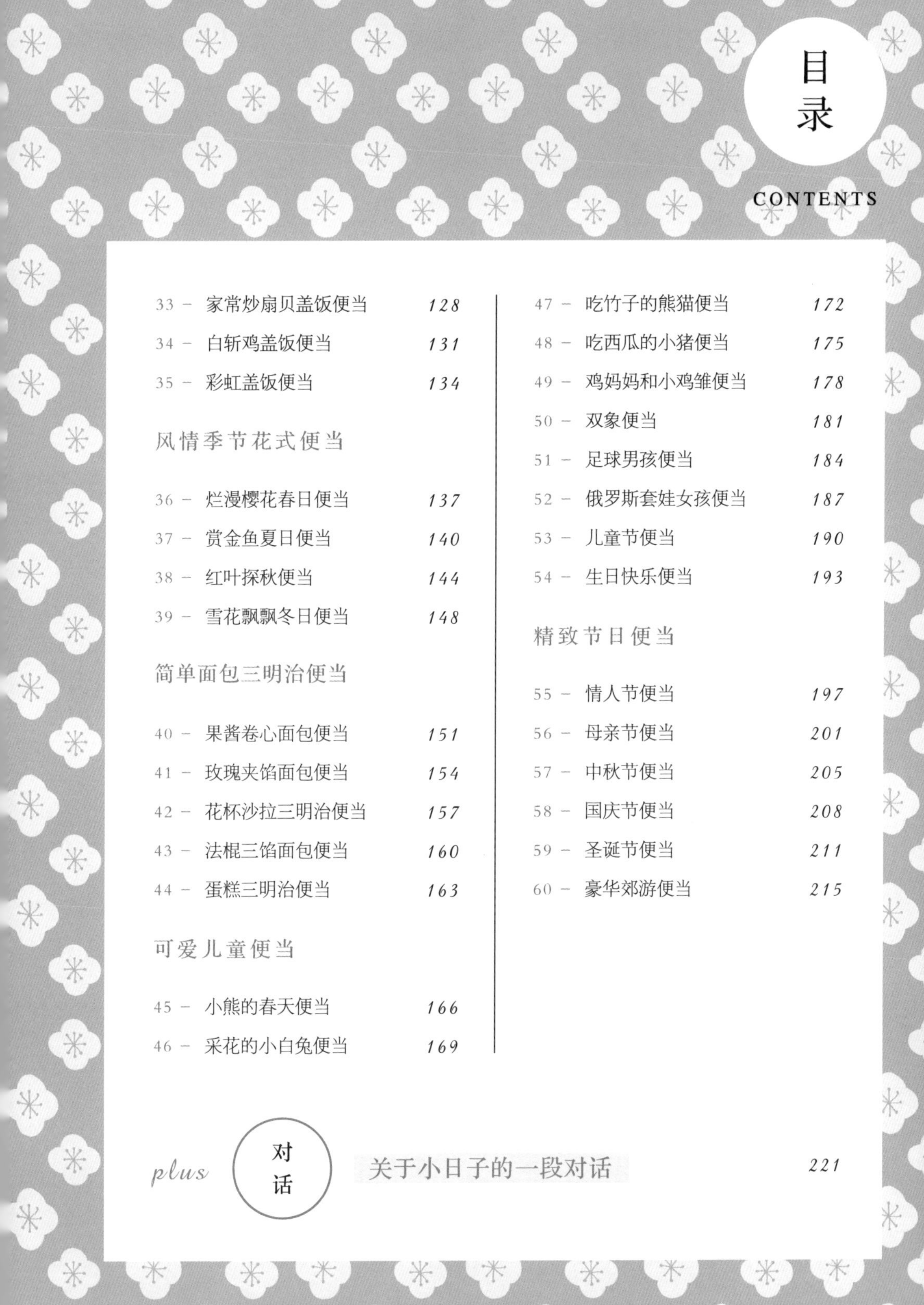

目录

CONTENTS

· 在便当里发现爱

· 妈妈的食育文化

· 伴随着花式便当的日子

让「带餐」成为最有爱的一件事

小梦想

在便当里发现爱

装在小盒子里的大世界

“BENTO”这个载入了法国字典的新名词，注释着日本生活中不可或缺的一种饮食文化——“便当”。便当以其独特的方式存在，并逐渐扩展到世界各地。便当是装在小盒子里的美食大世界，当便当盒盖被打开时，映入眼帘的是无限的情谊和关爱，吃进口中的是熟悉的美味和体贴。

在日本随处可见便当，便当店、便利店、饮食店、百货商场、车站……到处都为你准备着可以满足各种口味和食量的便当。然而，当一个男人打开妻子为自己做的便当时，周围的人依然会投去艳羡的目光。这种便当，被称为“爱妻便当”。自备便当的白领丽人，常会被视为具有好妻子的潜质。自家制的便当与那些华丽的外卖便当相比，多了一种可以感受得到的温暖。

日本的小学里有午间配餐，带便当的机会仅限于学期末停止配餐，或远足、运动会等活动时期。不过在幼儿园、初中和高中，都是要自带便当的。幼儿园的自带便当，为的是让白天离开父母身边的孩子们能感受到与父母的联结，并借此教会孩子们懂得感恩。

初遇花式便当

花式便当，起源于一位中学生的母亲。她因为孩子进入青春期很少和自己交流而苦恼，反复思考后，想出了做这种带有形象的花式便当的方法，用以开启孩子的心扉，增加沟通的渠道。

我第一次遇到花式便当，是 5 年前。当时偶然在电视里看到介绍 Hello Kitty 花式便当大奖赛的节目，看着电视画面，很怀疑自己的眼睛，完全不敢相信这些造型漂亮可爱的便当是可以吃的东西。由于太过震撼，马上开始寻找和收集相关的资料。最初只是作为欣赏图片来收藏，并没有想到自己也会去做，但是在欣赏的过程中对食品搭配产生了浓厚的兴趣，不仅了解了日本的“食育”文化，也了解了许多过去不熟悉的日本特色食材。

我有一对宝贝双胞胎儿子，名字分别叫超和越。在孩子 3 岁进入托儿所时，我突然产生了做一次试试看的心情。第一次并不是那么成功，却让我对花式便当的热爱一发不可收拾。后来，超和越在上幼儿园时，每周有 3 天需要带便当，当天早上他们都要求看看便当里面装着什么小可爱。送他们到幼儿园，他们问好之后第一件事，就是附在老师的耳边告诉老师说：“今天的便当是……”后来我听说幼儿园的老师每次都给超、越的便当拍照，班里的小朋友也都抢着坐在他们旁边吃饭。他们一直以妈妈的便当为骄傲，还时常夸我说 ：“妈妈你真是天才！”

打开便当盒的那一刹那

花式便当，首先可以让孩子不挑食，每次便当盒都会吃得干干净净地拿回来。其次是亲子间有了无限多样的共通兴趣，令我更加关心孩子的变化和喜好，孩子也更愿意把自己觉得有趣的事与我分享。

在日积月累的花式便当制作过程中，我不仅学到很多营养配菜知识，也熟悉掌握了许多烹饪手法。更重要的是，我认为通过花式便当这种形式，潜移默化地对孩子灌输了色彩知识，培养了他们的造型能力。一项调查研究表明，做这种便当数年的日本妈妈们，她们的孩子在绘画制作方面表现很突出，学习时专心致志，成绩优良，为人细腻和善，情绪安定。

随着孩子们日渐成长，我的花式便当也从面对幼儿的可爱型，转变成可以为成人的带餐生活增添趣味和色彩的样式。当你为自己精心制作一套花式便当时，当你打开自己做的便当的盒盖时，那种欣喜感会撞击到你的心灵。

妈妈的食育文化

制作花式便当原初的目的，只是为了让孩子不挑食。

初试身手时，还不会做太复杂的内容，第一个便当是“面包超人”。因为什么都是圆形的，只要用保鲜膜包裹着团出个球型就可以了，而且当时双胞胎儿子超、越也正是最喜欢《面包超人》卡通片的时期。越看到便当抢先就把面包超人的饭团吃了，而超吃掉了所有的菜肴后，一直端着便当盒里的面包超人饭团不肯吃，也不肯放手。

之后不久，在他们的生日会上也发生了类似的事情。那天我用肉饼做了他们最喜爱的小熊。开饭后，超和越留着自己盘里的小熊肉饼，却同时把刀叉伸向妈妈的菜盘，把我这份普通的肉饼吃掉了。虽然最初有这样的插曲，但之后的故事发展却完全不同了。孩子们不大喜欢的食物，只要填进花式便当里，就可以让他们毫无抗拒地消化掉。每次带餐回来后，那吃得一个饭粒都不剩的便当盒，足以证实花式便当的功力。

在略微积累些制作经验后，我决定去探探自己的真实水平。

那时最早引领花式便当大赛的是株式会社三丽鸥（SANRIO）举行的 Hello Kitty 便当大奖赛。完全没有获奖心理准备的我，当接到获奖通知的电话，被告知将在日本著名的三大女性周刊之一

的《女性自身》上刊载我的介绍时，激动得要窒息了。

后来多次获奖的经历，让我在对花式便当的制作充满了信心和热情的同时，也开始研究与饮食相关的各种事物，更深切地体会了“食育”的重要性。

日本的教育，除德育、智育、体育外，还有食育，讲求每位国民保持一生健全的饮食生活，注重饮食文化的继承，以及身心健康的维持，为此还设立了“食育基本法”。幼儿园、学校方面，每到午餐时间，孩子都会先感谢父母给予的美食，进餐同时和进餐后还有关于当天食品的各种常识教育，方法生动活泼，寓教于生活。同时还给孩子们分配“当值”，负责配给食品，关于吃完饭后如何整理餐具也都有成套的训练，每个孩子在学校餐桌上都非常讲究餐饮礼仪。在家里，除了注意三餐的营养平衡内容外，下午 3 点还会动手做些小点心作为辅食。进餐时尽量大家坐在一起，互相谈论有趣的事情，交流信息，促进感情。

超、越在这样的环境里，对亲手制作食物产生了浓厚的兴趣。每次做甜品或者包饺子这类需要一些手工程序的食物时，他们都会积极参与，琢磨造型。因为是自己动手，吃起来也更加香甜。这种对手工和造型的兴趣，也延伸成了美术作品的制作。

花式便当，是一种魔法，带着我和孩子们走进了一个前所未见的五彩缤纷的世界。

伴随着花式便当的日子

二人世界的时候，工作都很忙，作息时间也不一样，早饭很少能一起吃，晚饭则常常一起去附近的餐馆解决。到了周末，就会去旅行、登山或看电影，能在家里做一顿美餐一起细品慢咽的日子并不多。那个时候，几乎不知道自己算不算会做饭。

回想起来，日后会对花式便当如此倾心，或许是缘起于爱人的食雕。丈夫和我同样从事艺术工作，兴趣之一是篆刻图章，所以有一手好刀功。刚刚结婚时，有一天我在做晚饭，他洗了一根胡萝卜，在房间里雕了两朵花，放在我们各自的饮料杯里——那应该是我第一次被食雕感动。这种胡萝卜花，在之后的日子里，偶尔也会出现在我做的便当里。后来一起去泰国旅行，喜欢上了果雕，只是那种感觉仅限于欣赏它的形式感和色彩构成美。所以，最初被花式便当吸引，极有可能就是这种表现形式令我领略到了一种久违的感动。

花式便当对于我来说，无疑是一种生活方式。

盼望已久的孩子终于诞生，一天天成长，从他们出生那日起，每一天都有感动，每个月都有祝贺节目。超和越 4 个月大时，我开始了杂志的连载工作，之后一直为杂志和画展等方面并行努力着。这种可以在家中做的工作，既能照应孩子，又可自由安排时间，

于我非常适宜。我的工作一般都会放在深夜做，哄孩子睡着了，一个人静下心来去忙，除了自身睡眠状态差些外，工作质量和对孩子的照料都不受影响。现在虽然开始了公司的工作，但还是会把时间分配给孩子多一些，也一直坚持在孩子的学校做一些工作。身体疲劳时，看到孩子的笑脸就会有被治愈的感觉，工作遇到难题或障碍、精神萎靡时，脑子里最先出现的也是孩子们的脸。一直觉得他们是老天给我的最好的奖励，对孩子除了爱心外，还有感激之情，因为在养育孩子的这些年里，我自身也在不断地成长。从某种意义上讲，我养育着孩子，孩子也培育着我。

幼儿园，小学，孩子们在你不经意间成长起来，当你还把他们当幼儿看时，他们已经开始做你的帮手，有了自己独立的世界了。日复一日，年复一年，看着他们越来越清晰的脸廓，越来越立体的五官，越来越颀长的身架，我更加珍惜能为他们做些琐碎事情的这些时间。花式便当作为传达心意的方式，一直出现在每个我们共同度过的节日里。我自己也坚持着把读一本书、看一次画展、观一场公演这些来自日常的感动，用花式便当或者绘画的形式记录下来。

人生是什么味道？甜的？抑或是咸的？没有确定的味道时，一切都显得那么含混不清。这种时候何不来点儿调味料？呼吸着新鲜的空气，感受着来自季节风的刺激，让那种调味料在心头噼啪炸裂出爽快的节奏。生活中平平凡凡的点点滴滴都可以变成人生的调剂。就像盼着中午 12 点，期待着打开便当盒盖的瞬间，你的幸福，就在你身边。

·选对便当盒，你就成功了一半

·这些工具令制作花式便当更加得心应手

·合理使用调味料

·装饰食材让便当「拗造型」

·便当制作三项基本原则

·米也有分类吗

·米饭的彩色魔术

·普通食材大变身

·空隙就靠它们来填充

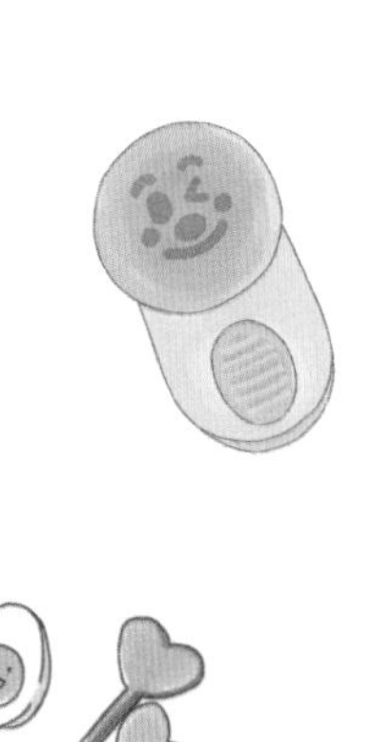

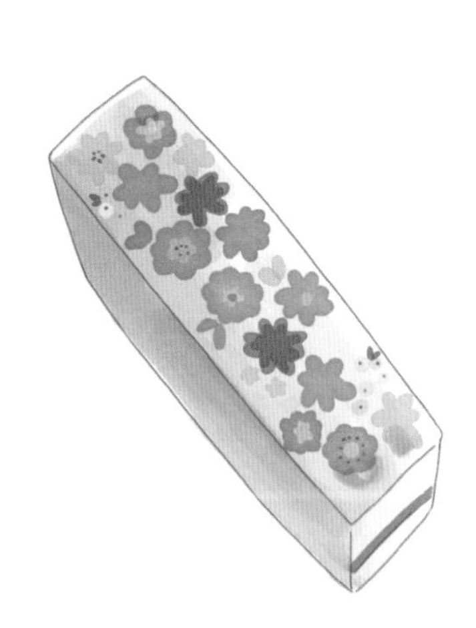

part

2

小常识

花式便当基础知识

【小常识】

选对便当盒，你就成功了一半

选择便当盒是做便当不可或缺的项目。除了根据饭量选择容量不同的便当盒外，单盒还是套盒，外观形象是简洁规矩还是可爱俏皮，材质是木质、塑料、铝或不锈钢，都会对便当内容和观感有一定的影响。建议预备两个以上便当盒，可以根据当天氛围、个人情绪及菜肴内容，更换不同的款式。

儿童便当盒

通常会选用色彩鲜艳的便当盒作为儿童便当盒，各种动物形状、卡通形状、电车汽车形状的饭盒最受孩子们的欢迎。也正是由于形状不规则，还可以令便当装盒时花样变幻活泼。

时尚便当盒

时尚便当盒分为套盒和单盒，一般为圆形或细长形，造型和色彩摩登俏丽轻巧。容量较小，适合少食节食轻食时使用。

传统便当盒

传统便当盒通常为椭圆形或方形，单盒或套盒，不锈钢、铝质或木质、漆制饭盒。容量比较大，装入菜肴后有种质朴的香醇感，能让人胃口大开。

【我常常在这些店买便当盒】

1.Afternoon Tea

Afternoon Tea 不拘泥形式，提倡自由构想，追求快适生活。整体设计倾向欧式，加入和式细节，质朴中透着时尚感。他们的品牌概念是：平凡的日子因为一个令人心情愉悦的刺激而变得充实。

2.cathkidston

cathkidston 是以厨房用具、室内装饰为中心的英国品牌，在英国乡村型基础上融入多彩的时尚感，商品设计俏丽且有质感。

3.loft

loft 是汇总各色生活用品的大型连锁生活方式 zakka 店，丰富的商品可以满足顾客的各种需求。

4.off&on

off&on 的品牌概念是给普通的生活以色彩，为普通的时间添辉煌。商品色彩缤纷，造型俏皮可爱。

〔小常识〕

这些工具令制作花式便当更加得心应手

拥有一些基本工具，可以令制作花式便当更加方便快捷和漂亮。

硅胶盛杯（图 1）

盛杯可防止菜肴之间的味道混杂，也能使便当看起来更整齐。选择颜色鲜艳、形状不同的盛杯，能增加便当的色彩，提高食欲。硅胶盛杯清洗后还能反复使用，经济且实惠。

海苔夹（图 2）

海苔夹可以帮助你用最短的时间做出各种形状的海苔，规则而且工整。

小剪刀（图 3）

小剪刀能代替海苔夹剪出各种形状的海苔，还可以修剪火腿片。选择小剪刀时，建议选择尖头或尖头微翘的。

小镊子（图 4）

尖头小镊子，是粘贴海苔及点缀细小装饰时的最佳帮手。

模具（图 5）

在需要将火腿片、芝士、蔬菜等做出花式形状时，借助模具将能十分轻松地完成。除蔬菜模具外，还可以使用饼干模具。

水果签（图 6）

水果签在吃成块的菜肴或水果时十分便利，而且使用水果签也可令便当形象活泼可爱。

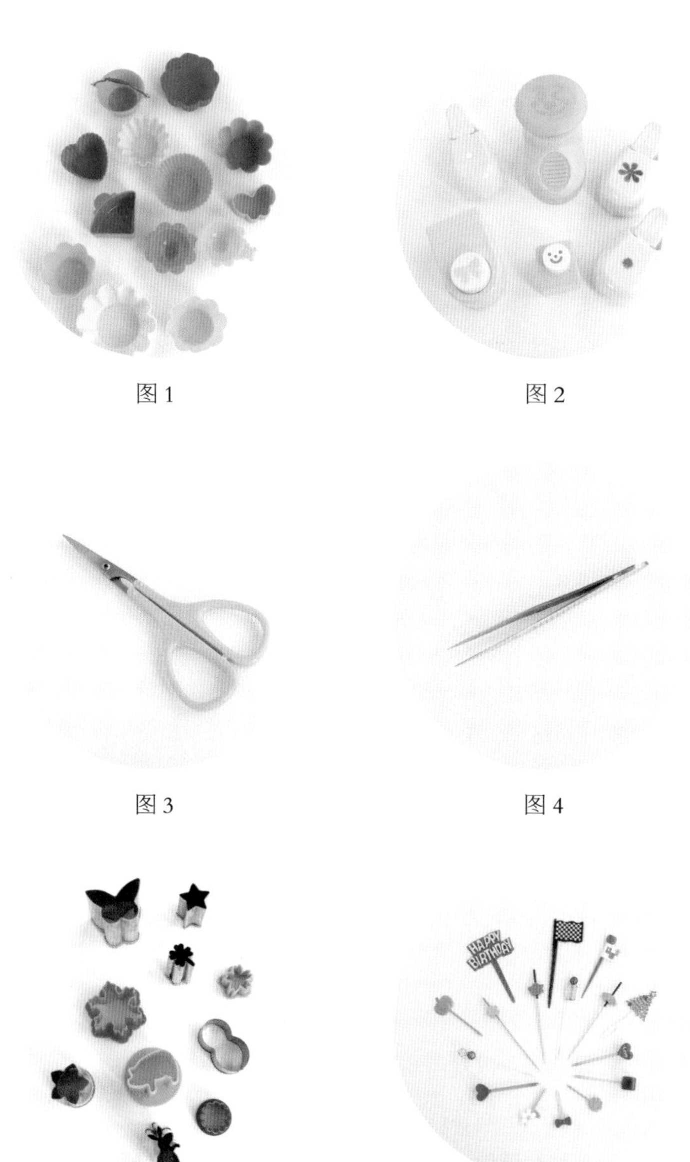

图 1

图 2

图 3

图 4

图 5

图 6

〔小常识〕

合理使用调味料

在制作菜肴时需要使用佐料调理味道，能使菜肴或浓郁或清淡爽口。

液状调味料

1. 酱油、醋、鱼露（图 1）

酱油：以谷物、豆子为主要原料，通过酿制发酵而成。酱香独特鲜美，增进食欲。

醋：增强食品酸味，调整味道，使食物产生清凉感。在便当制作中，还可以作为杀菌剂，装盒前用醋水将便当盒拂拭一遍，可抑制菌类繁殖，保持食品卫生。

鱼露：由高汤、酱油、酒和砂糖制成。适于面类和煮炖食品。鱼露拌饭是孩子们最喜爱的主食之一，花式便当中也可用于制作茶色饭团。

2. 蛋黄酱、番茄酱、香油（图 2）

蛋黄酱：以食用油、醋和鸡蛋为主制成的半固体状调料，广泛应用于各种料理中。在花式便当制作中，可作为黏结剂，用于固定海苔等。

番茄酱：以番茄为原料的调味料。可增进菜肴甜酸味道和橙红色彩，是孩子们的最爱。花式便当中可用作黏结剂或点缀饭团。

香油：从芝麻中提炼，茶褐色，香味独特的调味料。

粉末状调味料

1. 糖、盐、胡椒粉（图 3）

糖：人体必需的营养成分。具有甜味的调味料。

盐：人体不可或缺的成分。可去除原材料异味，具提鲜作用，亦可用盐渍保存食品。

胡椒粉：可药食双用的调味料。

2. 姜粉、咖喱粉、鸡精（图 4）

姜粉：由姜制作而成的辛辣料，可用于调味、腌渍。

咖喱粉：辛辣芳香，可搭配肉类、海鲜、蔬菜。花式便当中可用作蛋类染色。

鸡精：增鲜增香的调味料。

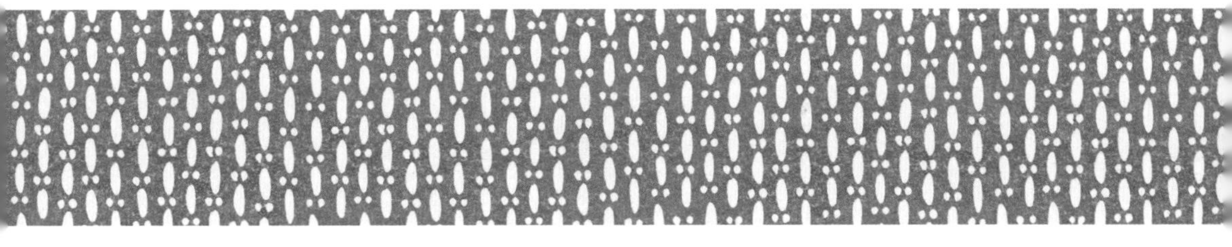

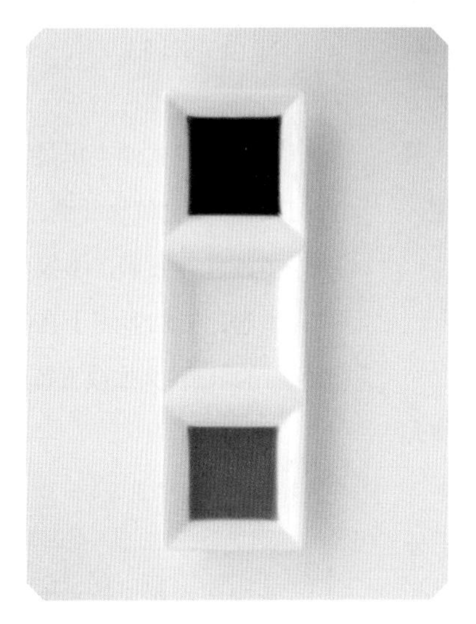

图 1

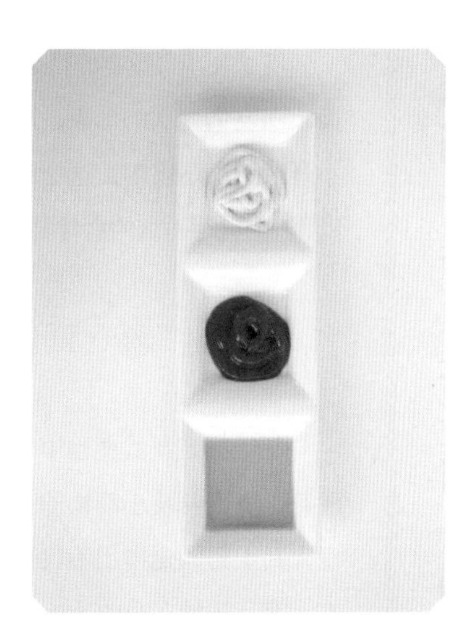

图 2

图 3

图 4

【小常识】

装饰食材让便当「拗造型」

花式便当最重要的就是拗造型，而小朋友们喜欢的形象，总少不了小耳朵、小尾巴等，这个时候，可以用一些随手可取的食材制作造型。

意大利干粉（图1）

用于固定花式便当中的各种火腿花、鸡蛋卷及小动物的五官等。意大利干粉固定作用不仅等同于牙签，而且还能在吸收米饭、菜肴的湿度后变得柔软，可即食，不影响口感且十分安全。

芝麻

可点缀在菜肴上，也可以用于装饰。

1. 黑芝麻（图2）

可用作动物的眼睛。

2. 白芝麻（图3）

可做花芯。

海苔（图4）

海苔是花式便当里最常出场的食材。海苔富含植物纤维、维生素、钙等多种营养元素，不仅用于做饭卷、蛋卷，更加多用于在制作卡通形象时的眼睛、头发或五官的线条。

火腿片（图5）

火腿片在花式便当中可以用来制作花朵，或作为平面卡通便当的底衬。比较薄的火腿片，通常最适合花式加工。

芝士片（图6）

花式便当常备的芝士片，分为乳白色和乳黄色两种。因为用牙签就可以将芝士片划切成需要的形状，所以最易表现平面图案。

图 1

图 2

图 3

图 4

图 5

图 6

〔小常识〕

便当制作三项基本原则

制作便当，只要注意主食、主菜和副菜的比例，留心色彩和味道，就可以完成营养且美味的便当。

基本组合

主食：米饭或面包，大米、谷物里富含的糖，是补充身体和脑的能量源泉。

主菜：肉蛋鱼类可以补足身体的蛋白质，是每餐必备的食品。

副菜：蔬菜、蘑菇、豆类、海藻类和蛋类，具有维持人体健康的维生素和矿物质。

防腐措施

除洗净擦干便当盒外，装盒前，最好用干净的餐巾纸蘸醋水，将便当盒再擦一遍。醋味挥发后完全不会影响菜肴味道，还能起到杀菌防腐的作用。

主食菜肴在装盒前必须完全加热（沙拉菜除外），冷却后再装盒，这样可以避免产生水滴。食用时可再加热，时间为40～50秒，以免损坏形状和味道。

尽量少用汤汁多的菜肴，如果有汤要注意收汁，水果生菜洗过后要擦干再装盒。

使用防腐效果高的咖喱粉、醋、柠檬。

色彩与美味

色彩丰富的便当，必定是营养平衡的便当。选择材料时，红、绿、黄、白、茶、黑各色中只要具备3～4色，即可达成目标。

酸甜苦辣咸，味道多变不腻。

煎炒烹炸，一盒数种烹饪法，口感新鲜。

〔小常识〕

米也有分类吗

便当的米饭可以有多种选择，时常变变花样，常保新鲜味觉。

白米（图1）

白米是稻米精制米。呈半透明状，口感香糯，是被广泛喜爱的主食之一。

玄米（糙米）（图2）

玄米（糙米）是稻谷去掉稻壳后的米，未被精白，富含维生素、食物纤维和矿物质，是一种非常不错的健康食品。

黑米（紫米）（图3）

黑米（紫米），糯米类，为稻米中的珍贵品种，营养丰富，有“长寿米”之称。

十谷玄米（图4）

十谷玄米指的是糙糯米、白糯米、黑大豆、红糯米、薏仁、黑糯米、小豆、黍米、糯米粟、小米的结合物，是深受欢迎的滋补佳品。

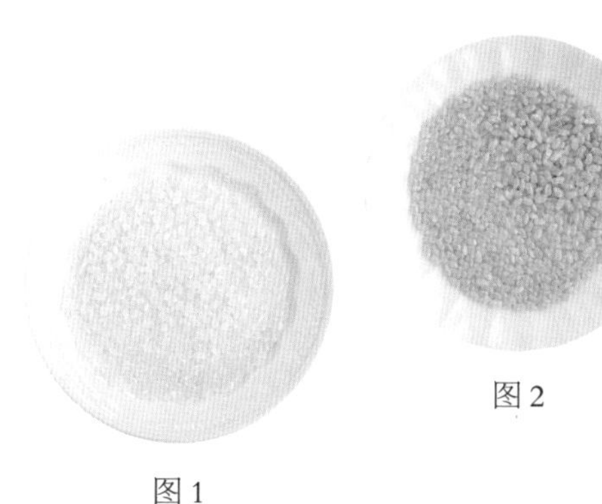

图2

图1

图3

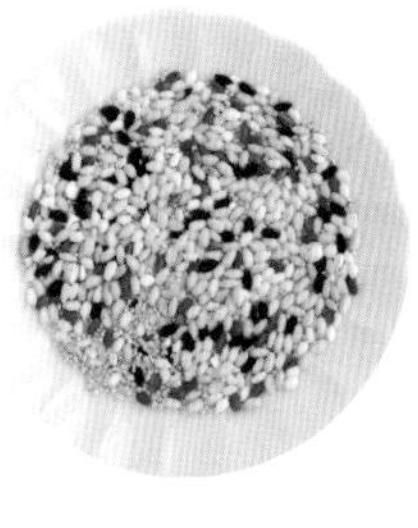

图4

【小常识】

米饭的彩色魔术

花式便当，少不了各种各样的花式魔术。所谓“花式”，不必想得那么复杂，只要在料理中加进一个花式小点子，就会令整个便当显得格外不同。最常用的花式，无疑就是彩色米饭。为了营养健康，在制作中尽量不要添加食用色素，而是利用食材的天然色彩。

棕色米饭（图1）

材料：鱼露，白米饭

做法：将鱼露混入白米饭，搅拌均匀。

小贴士：鱼露米饭是孩子们的最爱。

粉色米饭（图2）

材料：苋菜汁，白米饭

做法：将苋菜汁混入白米饭，搅拌均匀。

小贴士：不仅可以用苋菜汁，用煮草莓饭、拌鱼子饭的方法，也可以使制出来的米饭呈现嫩粉色。

紫色米饭（图3）

材料：黑米，白米

做法：煮白米饭时混入少许黑米。

小贴士：可根据需要的色彩增减黑米的量。用紫茄汁拌饭也可以做紫色米饭。

绿色米饭（图4）

材料：菠菜粉，白米饭

做法：将菠菜粉混入白米饭，搅拌均匀。

小贴士：蔬菜粉属于干制食品，含有菠菜原本的营养。

黄色米饭（图5）

材料：熟鸡蛋黄，白米饭，盐少许

做法：将煮熟的鸡蛋黄捣碎混入白米饭中，加少许盐，搅拌均匀。

小贴士：黄色米饭是花式便当中常用的色彩。

橙色米饭（图6）

材料：番茄酱，白米饭

做法：将番茄酱混入白米饭，搅拌均匀。

小贴士：可根据番茄酱的多少调整米饭颜色，用三文鱼鱼松也可以做出橙色米饭。

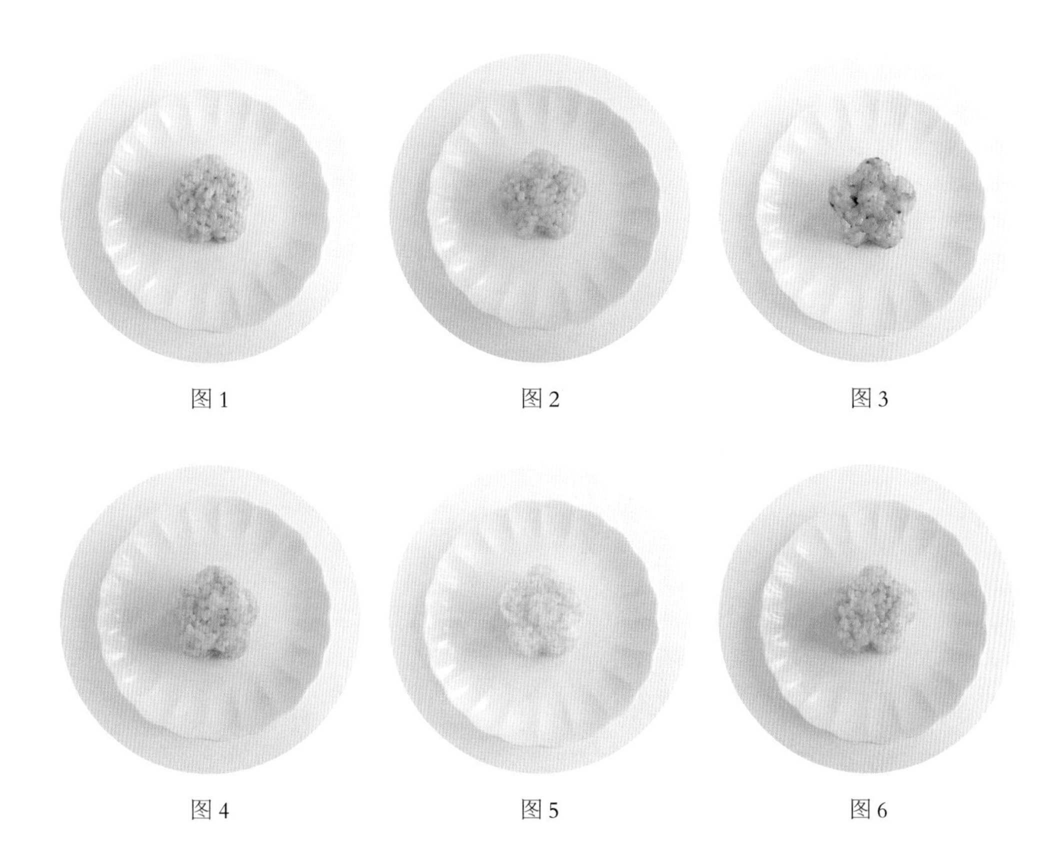

图1 图2 图3

图4 图5 图6

〔小常识〕

普通食材大变身

普普通通的食材，只要稍加改造，就能制成让人眼前一亮的卡哇伊造型！

鹌鹑蛋小鸡

材料：

鹌鹑蛋 1 个，海苔适量，番茄酱、胡萝卜片少许

做法：

1. 鹌鹑蛋煮熟，用冷水浸一下，剥皮。用模具或者刀尖围绕鹌鹑蛋将蛋白切锯齿型，勿切蛋黄（图 1）。

2. 错位 1 的蛋白，在蛋黄处贴上用海苔剪的眼睛，胡萝卜丝做的嘴巴（图 2、图 3）。

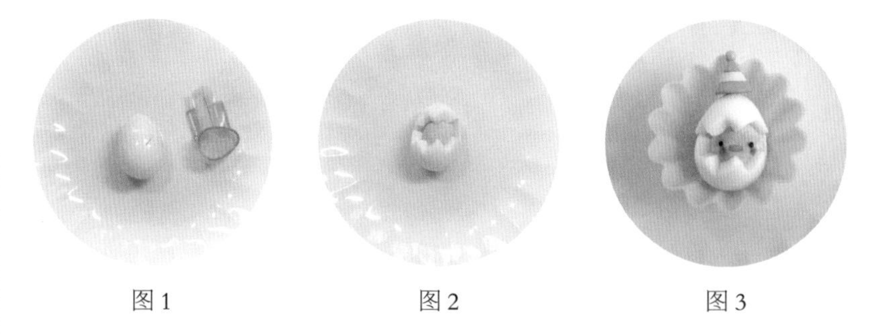

图 1　　图 2　　图 3

火腿片山茶花

材料：

火腿片 2 片，胡萝卜丝少许

做法：

1. 用模具将火腿片压切出花型（图 4）。

2. 将两片卷在一起，用意大利干粉固定后，加胡萝卜丝做花蕊（图 5、图 6）。

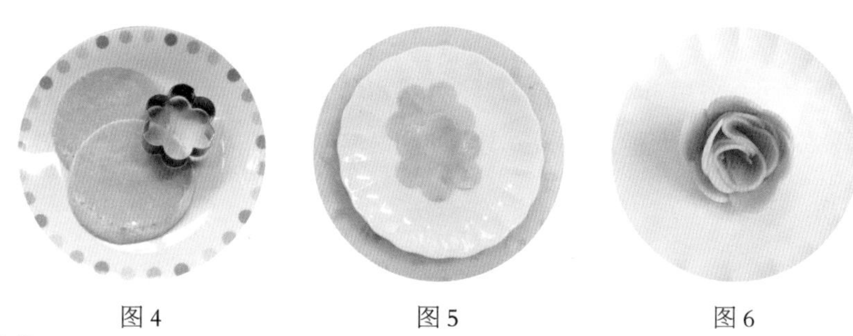

图 4　　图 5　　图 6

鸡蛋菊花

材料：

鸡蛋 1 个，盐少许

做法：

1. 鸡蛋加盐打散，煎成薄鸡蛋饼（图 7）。

2. 将 1 的鸡蛋饼切成两片，每片折叠，在折叠处切刀口后将其卷在一起（图 8、图 9），用水果签固定。

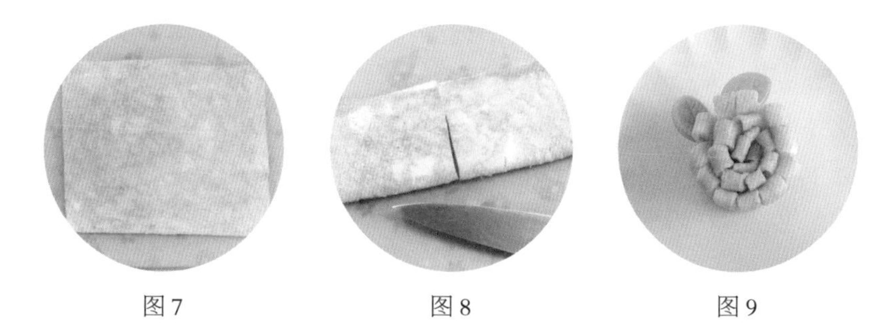

图 7　　图 8　　图 9

香肠太阳花

材料：

香肠 1 根，鹌鹑蛋 1 个

做法：

1. 香肠从中间刨开，各切 3mm 间隔的刀口，用沸水焯至弯曲（图 10）。

2. 将 1 的香肠对折，用意大利干粉固定。放入平底锅，在中间打入鹌鹑蛋（图 11、图 12）。

图 10 图 11 图 12

香肠小兔

材料：

圆形香肠 1 根，细小香肠 1 根，海苔少许，番茄酱少许

做法：

1. 将细小香肠切下一头，然后从中间刨开（图 13）。

2. 将 1 的各个材料组合到一起，用意大利干粉固定，最后贴上用海苔剪出来的眼睛、嘴，用番茄酱点上腮红（图 14、图 15）。

图 13 图 14 图 15

【小常识】

空隙就靠它们来填充

便当少不了填充菜，填充菜不仅可以固定菜肴和主食的位置，令便当在带餐出门后整体结构不至于走样，还可以增加便当的华丽度和营养。我的花式便当的必备品是西蓝花、圣女果和生菜。

西蓝花（图1）

西蓝花形状整齐，味道鲜美，富含叶酸、维生素C、蛋白质，以及钙、铁、钾、磷等多种矿物质，被誉为“魔法蔬菜”，有健脑作用，很适合儿童食用。料理方法百样，盐水焯30秒后凉拌，或是煎炒烹炸样样适合。放在便当中可以令其他菜肴之间无缝隙固定的同时，点缀成花果树、圣诞树也极具情趣。

圣女果（图2）

圣女果形状色彩美丽可人，可蔬可果，可作蜜饯亦可作沙拉，味道清甜爽口，其营养成分可助幼儿发育，增加人体抵抗力。在缺乏色彩的便当中放入一颗，即可灵动生辉，使其变成充满食欲的美食。

生菜（图3）

生菜为菊科莴苣属，分团叶包心型和叶片褶皱型，是凉菜的百搭选手。叶片皱褶的花叶生菜，能制造一种蕾丝般的华美感，作为隔菜使用的同时也为便当装饰出俏丽的效果。

图1

图2

图3

· 营养健康便当

· 清新素食便当

· 多彩特色饭便当

· 豪快盖饭便当

· 风情季节花式便当

· 简单面包三明治便当

· 可爱儿童便当

· 精致节日便当

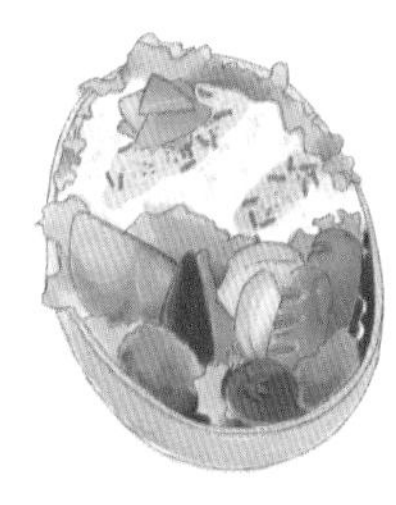

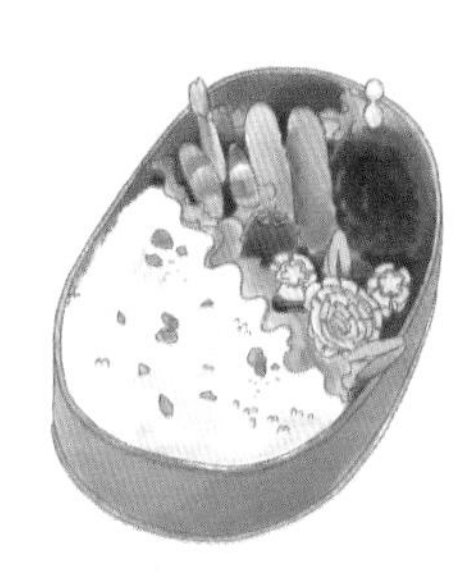

part

3

60道花式便当的秘密

{ 营养健康便当 }

咕咾肉便当

酸酸甜甜最下饭

咕咾肉
是中餐的基本款，
活泼的配色令便当变得
清新爽目充满食欲。
猪肉和蔬菜挂上
甜酸的蘸汁，
口感润滑，
是最给力的下饭菜。

【菜谱】

- 白米饭
- 盐水大虾
- 芝麻西蓝花
- 葡萄
- 咕咾肉
- 坚果海藻沙拉
- 橘子

【制作图解】

图 1

图 2

图 3

图 4

图 5

图 6

【制作过程】

咕咾肉（4人份）

· **材料：** 猪肉块200克，洋葱1/2个，辣椒2个，胡萝卜1根，香油10克，酱油20克，料酒8克，胡椒粉少许，姜末少许，鸡蛋汁1个份，番茄酱30克，砂糖30克，醋40克，鸡精适量，淀粉适量

· **做法：** 1. 胡萝卜、青椒、洋葱洗净沥干切片，肉切块（图1）。

2. 猪肉用酱油、料酒、胡椒粉、姜末和鸡蛋汁腌渍。

3. 番茄酱、砂糖、醋、酱油、鸡精、淀粉调和制成调料备用。

4. 把1的蔬菜倒入热油锅翻炒后出锅（图2）。

5. 将2的猪肉撒干淀粉后，放入170℃的油锅中炸至金黄，出锅沥净油。

6. 把3的调料放入锅中烧开，呈黏稠状后，放入4的蔬菜以及5的肉，继续翻炒（图3）。

7. 均匀挂汁后，出勺（图4、图5）。

坚果海藻沙拉

· **材料：** 小鱼，各色海藻，萝卜，水菜，各种坚果，香油，醋，酱油，豆瓣酱适量

· **做法：** 各种材料发好、洗净、沥干、切丝、淋调料。将坚果碾碎，撒在沙拉上（图6）。

【装盒】

先用盛杯分割好主食和菜肴的位置，将主食和主菜装在同一盒内，另一盒装副菜和水果。

【小贴士】

将咕咾肉换一下材料内容，做成菠萝咕咾肉也是别有风味的！

{ 营养健康便当 }

醋熘丸子便当

一口一个的幸福滋味

丸子柔软的口感、
整齐的形状，
是最适合
作为便当的菜肴。
醋熘不腻的口感，
大人和孩子
都超级喜欢。

【菜谱】

· 白米饭　· 煮鸡蛋　· 盐水西蓝花　· 生菜
· 醋熘丸子　· 香肠花　· 盐水胡萝卜　· 咸菜

【制作图解】

图 1

图 2

图 3

图 4

图 5

图 6

【制作过程】

醋熘丸子（4人份）

· **材料**：肉馅300克，洋葱1个，鸡蛋1个，姜末少许，酱油40克，盐、胡椒粉少许，料酒15克，醋25克，糖30克，淀粉25克

· **做法**：1. 淀粉和肉馅混合搅拌，洋葱切碎，和鸡蛋、姜末、酱油、盐、胡椒粉一起拌入肉馅，按一个方向搅上劲（图1）。

2. 将1的肉馅团成肉丸（图2）。

3. 放入160℃的油锅炸至金黄，出锅，沥干油（图3）。

4. 把炸好的丸子放入平底锅，加酱油、醋、糖、料酒等调味料，略炖一会儿（图4）。

5. 淀粉兑水勾芡，加入锅中，烧至挂汁，撒少许芝麻出锅（图5、图6）。

【装盒】

便当的1/2装主食米饭，用生菜间隔后另一半空间放副菜，用西蓝花和香肠花填充空隙。最后在米饭上加上小咸菜。

【小贴士】

便当里加辣椒丝，可令菜肴有些许辣感，易下饭。

{营养健康便当}

青椒酿肉便当

青椒与肉馅的华尔兹

青椒中入肉味，
肉馅中带清香，
不吃青椒的挑食宝宝
也大喊「真好吃」的
一品菜。使用木质
便当盒，既能保存食品
原有的芬芳，
又能凸显食材亮丽的
颜色，令人胃口大开
也大饱眼福。

【菜谱】

· 白米饭　· 青椒酿肉　· 芝士夹馅圣女果
· 菜松　· 咖喱菜花　· 生菜

【制作图解】

图1

图2

图3

图4

图5

图6

【制作过程】

青椒酿肉（4 人份）

· **材料**：青椒 6 个，肉馅 300 克，洋葱 1/2 个，牛奶 30 克，鸡蛋 1 个，面粉 15 克，面包糠适量，蚝油 20 克，味啉 10 克，料酒 10 克

· **做法**：1. 洋葱切碎，放在耐热容器中，盖上保鲜膜，在微波炉加热 3 分钟，冷却备用。

2. 将肉馅中混入牛奶、鸡蛋、面粉、面包糠及 1 的洋葱，用手揉捏均匀（图 1）。

3. 青椒洗净、切开、去蒂去籽，撒面粉后将 2 的肉馅装进其中并填满（图 2）。

4. 把 3 的肉馅向下放入热油锅中，煎至变色，再翻一下微煎青椒部分，再将肉馅向下，加入蚝油、味啉、料酒和水，烧至收汁（图 3、图 4）。

芝士夹馅圣女果

· **材料**：圣女果，芝士球

· **做法**：圣女果洗净沥干，从中间横切，将芝士球夹在其中（图 5）。

咖喱菜花

· **材料**：菜花，咖喱粉适量，盐少许

· **做法**：菜花洗净焯熟，下入热油锅中，加盐和咖喱粉翻炒，呈漂亮的黄色后即可出锅（图 6）。

【装盒】

便当分为两盒，一盒装主食白米饭，上撒菜松，一盒分装主副菜。

【小贴士】

在制作青椒酿肉的过程中，多在青椒上撒些面粉能令青椒与肉馅黏得更牢固。

{ 营养健康便当 }

牛肉可乐饼便当

牛肉土豆为元气加油

外皮酥脆，
牛肉的浓厚味道和
土豆融合在一起的
松软质感，
令人欲罢不能。
菜肴丰富的一套午餐，
顿消工作疲劳，
为下午的自己加油！

【菜谱】

· 白米饭
· 牛肉可乐饼
· 咸烹海味
· 黄桃
· 黑芝麻
· 豌豆丝炒鸡蛋
· 奇异果

【制作图解】

图 1

图 2

图 3

图 4

图 5

图 6

【制作过程】

牛肉可乐饼（3人份）

· **材料：**土豆3个，牛肉馅300克，洋葱1个，面包糠40克，面粉50克，鸡蛋1个，盐、胡椒粉适量

· **做法：**1. 土豆削皮，加热后捣碎，洋葱切碎。

2. 炒熟牛肉馅和洋葱，加盐和胡椒粉入味。

3. 把1的土豆和3的牛肉、洋葱一起放在容器中搅拌后分成5等份，裹上面粉、鸡蛋汁和面包糠，在170℃的油锅中炸至金黄（图1）。

豌豆丝炒鸡蛋

· **材料：**鸡蛋3个，嫩豌豆1盒，盐、胡椒粉少许

· **做法：**1. 鸡蛋打散，嫩豌豆洗净沥干切丝。

2. 先将1的嫩豌豆翻炒，出锅。再翻炒鸡蛋，将熟时，加入翻炒过的嫩豌豆，撒盐和胡椒粉，翻炒后盛盘（图2、图3）。

咸烹海味

· **材料：**小鱼干100克，柴鱼片适量，料酒45克，砂糖45克，味啉30克，酱油30克，熟芝麻适量

· **做法：**1. 柴鱼片和芝麻一起搅拌（图4）。

2. 小鱼干在热油锅中炒香，再放入料酒、砂糖、味啉、酱油煮至收汁，最后拌上1的柴鱼片芝麻（图5、图6）。

part3

{ 营养健康便当 }

双色牛肉卷便当

美味卷起来

牛肉卷肉菜味道相融，
色彩艳丽，
是便当最常见的
一款佳肴。
饭团暗藏美味，
肉卷内裹鲜香，
吃起来方便，
也适合远足携带。

【菜谱】

· 鱼松馅米饭团
· 菠菜虾米
· 盐味鹌鹑蛋
· 西蓝花
· 双色牛肉卷
· 羊栖菜煮豆
· 香肠花
· 草莓

【制作图解】

图 1

图 2

图 3

图 4

图 5

图 6

【制作过程】

双色牛肉卷（2人份）

· **材料：** 牛肉片250克，胡萝卜1根，四季豆适量，鱼露30克，味啉15克，料酒适量，淀粉适量

· **做法：** 1. 胡萝卜洗净去皮，切条，四季豆洗净去丝，同时用沸水焯一下，沥干水分备用。

2. 牛肉3片拼成大片，放上2根胡萝卜条，2根四季豆，从头卷起，用淀粉粘上收尾处（图1）。

3. 放入热油锅，煎至牛肉变色（图2）。

4. 加鱼露、料酒、味啉和水，盖上锅盖，烧至收汁，冷却，切段（图3、图4）。

菠菜虾米

· **材料：** 菠菜一把，胡萝卜1/2根，虾米适量，香油适量，盐少许

· **做法：** 1. 菠菜洗净切段，胡萝卜洗净去皮切丝。

2. 香油烧热后，下入菠菜和胡萝卜丝，加盐快速翻炒后出锅（图5）。

3. 虾米用香油略炸一下，出锅撒在2上，拌一下即可（图6）。

【装盒】

白米饭加鱼松后，用保鲜膜包好团成饭团。加剪成条的海苔，并列放在便当盒中部。双色牛肉卷放在前面，副菜装入盛杯放在另一端，中间加西蓝花和盐味鹌鹑蛋，用香肠花填充空隙。

【小贴士】

用芦笋代替四季豆也非常美味。

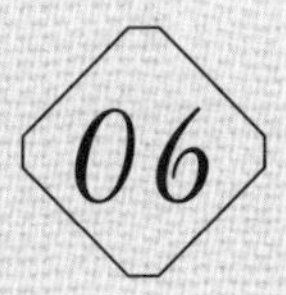

{ 营养健康便当 }

青椒牛肉丝便当

在米饭上玩跳房子

白色米饭上的黑色方格

配合修长的饭盒，

充满构成感，

既有时尚视觉效果，

又增加风味营养。

青椒牛肉丝的家常味道

也十分诱人！

【菜谱】

· 白米饭　· 青椒牛肉丝　· 圣女果　· 草莓

· 海苔　· 日式拔丝红薯　· 生菜

【制作图解】

图 1

图 2

图 3

图 4

图 5

图 6

【制作过程】

青椒牛肉丝（4人份）

· **材料**：牛肉200克，竹笋120克，辣椒3个，黄椒1个，鸡蛋1个，酱油20克，绍兴酒15克，蚝油10克，砂糖适量，盐、胡椒粉少许，淀粉适量

· **做法**：1. 牛肉切丝，青椒、黄椒洗净切开、去籽、切丝，竹笋洗净切丝，用沸水焯过沥干。

2. 容器中放入肉、盐、酱油、胡椒粉、绍兴酒腌味，加入鸡蛋搅拌，再加淀粉搅拌，最后加少许油搅拌（图1）。

3. 平锅放油，烧热。倒入2的牛肉，中火翻炒至变色，加进双椒和竹笋丝翻炒，兑入蚝油、砂糖、酱油、胡椒粉翻炒入味。出锅前淋香油（图2）。

日式拔丝红薯

· **材料**：红薯（大）1个，砂糖30克，味啉30克，酒10克，酱油10克，芝麻适量

· **做法**：1. 红薯洗净去皮，切滚刀块，沥净水汽。

2. 将1的红薯放入160℃的油锅中炸至金黄色，使其用竹签可以穿透，沥干油分备用(图3)。

3. 平底锅内加砂糖、味啉、酒、酱油烧至砂糖溶化（图4）。

4. 把2的炸红薯倒入其中挂糖（图5、图6）。

【装盒】

分成两盒装，主食用方块海苔陪衬，配以水果。主菜和副菜装一盒。

【小贴士】

日式拔丝地瓜，不会粘在一起。作为便当配菜，吃起来十分方便。将海苔剪成各种形状，是花式便当拗造型的不二法宝！

{ 营养健康便当 }

香炖鸡脯肉便当

浪漫粉红系饭团

香炖鸡脯肉的
味道香浓，
下饭下酒，
是老少咸宜的菜肴。
鳕鱼子松饭团的
嫩粉色花朵，
带给午餐最美的情绪。

【菜谱】

· 鳕鱼子松花饭团
· 香炖鸡脯肉
· 生菜
· 圣女果
· 芝麻蛋松
· 双色鹌鹑蛋
· 西蓝花

【制作图解】

图1

图2

图3

图4

图5

图6

【制作过程】

香炖鸡脯肉（4 人份）

· **材料**：鸡脯肉 1 块，胡萝卜 1 根，土豆 2 个，洋葱 1 个，四季豆适量，葱 1 段，酱油 40 克，砂糖 30 克，料酒 15 克，味啉 15 克，盐、胡椒粉适量

· **做法**：1. 鸡脯肉切成大块（图 1）。

2. 洋葱洗净切片，土豆、胡萝卜洗净去皮切滚刀块，四季豆洗净去丝，葱洗净切小段（图 2）。

3. 将鸡肉放入热油锅中翻炒变色后，加酱油入味（图 3）。

4. 其他蔬菜下入锅内，添加料酒、酱油、味啉、砂糖、盐、胡椒粉、水，翻炒均匀（图 4）。

5. 盖上锅盖，炖至收汁（图 5、图 6）。

【装盒】

主食和菜肴分为两盒。米饭用花型模具做成 3 个饭团，1 个用生菜包裹，2 个用硅胶盛杯。菜盒主菜装进盛杯，副菜配在周围。

【小贴士】

用模具制作饭团非常省时。

{ 营养健康便当 }

辣味鸡便当

米饭上开出小花朵

辣味炸鸡
大增食欲，
漩涡蛋卷
更添口感。
米饭上
盛开的鲜花，
是午后愉悦的心情。

【菜谱】

· 白米饭　· 辣味鸡　· 西蓝花

· 鱼肠花　· 海苔漩涡蛋卷

【制作图解】

图 1

图 2

图 3

图 4

图 5

图 6

【制作过程】

辣味鸡（2人份）

· **材料：** 炸鸡块6~8块，小辣椒1盒，辣椒酱适量，酱油5克，盐、胡椒粉少许，黑芝麻适量

· **做法：** 1. 将洗净沥干的小辣椒倒入热油锅中翻炒至发软，加盐和胡椒粉调味（图1）。

2. 加入炸鸡块一起翻炒，加酱油、辣椒酱继续翻炒入味，出锅时撒黑芝麻（图2、图3）。

海苔漩涡蛋卷

· **材料：** 鸡蛋2个，海苔1张，盐少许

· **做法：** 1. 鸡蛋打散，加盐搅拌均匀。

2. 煎蛋锅涂薄薄一层油，烧热后移开，放在湿抹布上，倒入1/3蛋汁，摊平，小火煎熟，铺海苔卷起在一头（图4、图5）。

3. 倒入部分蛋汁，煎熟卷起，反复到最后全部卷好后，出锅冷却，切段（图6）。

【装盒】

鱼肉肠用花型模具压出三朵鱼肠花，并配合薄荷叶点缀在米饭上。香辣炸鸡主菜占菜盒1/2，余下1/2装蛋卷，空隙处用生菜、西蓝花填充。

【小贴士】

主菜颜色较浓重，因此副菜和主食多造型变化，会另便当全体均衡美观。

{ 营养健康便当 }

炸鸡块便当

就是那一口口酥脆

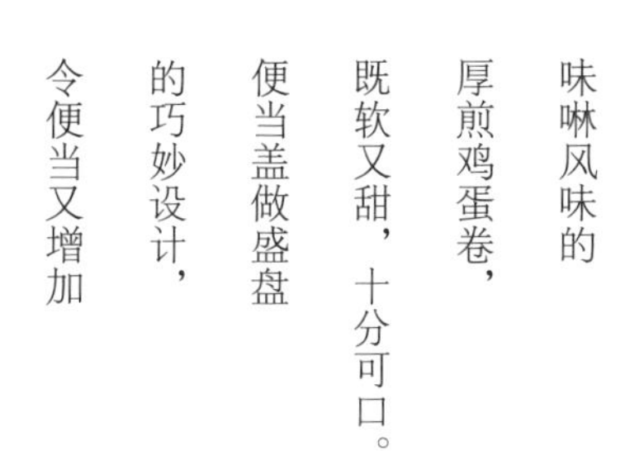

炸鸡块是便当中
最基本的菜肴款式，
外脆里嫩，香味满口。
味啉风味的
厚煎鸡蛋卷，
既软又甜，十分可口。
便当盖做盛盘
的巧妙设计，
令便当又增加
几分趣味。

【菜谱】

· 白米饭　· 炸鸡块　· 沙拉菜　· 圣女果

· 蔬菜松　· 厚煎鸡蛋卷　· 生菜

【制作图解】

图 1

图 2

图 3

图 4

图 5

图 6

【制作过程】

炸鸡块（4人份）

· **材料**：鸡大腿肉300克，蒜末、姜末少许，料酒30克，酱油20克，香油5克，鸡蛋1/2个，低面筋粉20克，淀粉20克

· **做法**：1. 鸡肉切一口大小的肉块，放入蒜、姜末、料酒、酱油、香油，调料揉搓入味，放入冰箱冷却30分钟后加入打散的鸡蛋，再次搅拌均匀。

2. 容器中放入低筋面粉、淀粉，再把沥干的鸡块放入均匀裹粉（图1）。

3. 用中温油炸至稍微变色，取出放置3分钟。油加高温，再次将鸡块放回炸至金黄（图2、图3）。

厚煎鸡蛋卷

· **材料**：鸡蛋3个，鱼露5克，味啉5克，酱油少许，砂糖10克

· **做法**：1. 蛋汁中加入鱼露、味啉、酱油、砂糖，用打蛋器搅拌均匀。

2. 煎蛋锅涂薄薄一层油，烧热后移开，放在湿抹布上，倒入1/3蛋液，摊平，小火煎熟，卷起在一头（图4）。

3. 再倒入部分蛋液，煎熟卷起，同样方法将全部卷好后，出锅冷却，切段（图5、图6）。

【装盒】

将主食米饭上撒菜松，紧贴主食放入沙拉菜的盛杯，其余部分放主菜。

【小贴士】

鸡块炸两次，可以使外皮硬脆，内肉鲜嫩滑润。

{ 营养健康便当 }

烤鲑鱼便当

便当盒里仿佛飞出一只色彩斑斓的蝴蝶

烤鲑鱼，
既有高度的营养价值，
又有食疗作用，
是便当菜肴中
最基本的菜品。
制作简单，
味道却超赞，
缤纷的颜色
让你享受一顿如同身处
花圃的午餐。

【菜谱】

· 白米饭　· 烤鲑鱼　· 香肠　· 西蓝花　· 咸菜
· 蛋花松　· 盐味厚煎鸡蛋卷　· 荷兰芹　· 圣女果

【制作图解】

图 1

图 2

图 3

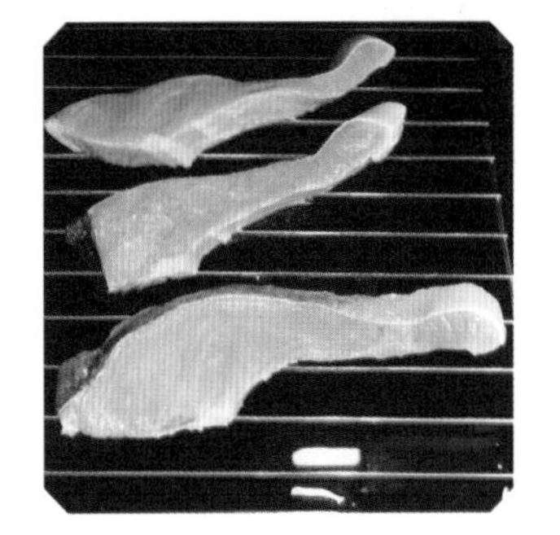

图 4

图 5

图 6

【制作过程】

盐味厚煎鸡蛋卷（2人份）

·**材料**：鸡蛋3个，盐少许，鸡精少许

·**做法**：1. 鸡蛋打散，加盐搅拌均匀。

2. 煎蛋锅涂薄薄一层油，烧热后移开，放在湿抹布上，倒入1/3蛋汁，摊平，再移到火上小火煎熟卷起（图1）。

3. 倒入部分蛋汁，煎熟卷起，反复到最后全部卷好后，出锅冷却，切段（图2）。

烤鲑鱼（3人份）

·**材料**：鲑鱼三块

·**做法**：1. 鲑鱼如果是含有盐分的，可以素烧。如果是不含盐分的，可加少许盐浸味（图3）。

2. 烤盘加水，鲑鱼肉摆放在烤盘中，用文火烘烤（图4）。

3. 上面变色后，翻身向下，继续烤另一面（图5、图6）。

【装盒】

先装好米饭，用生菜叶隔开，再分别装菜肴，最后在米饭上撒蛋花松。

【小贴士】

为了防止食品味道混杂，可用盛杯将菜肴隔离。

炸大虾便当

简单午餐豪华升级

油炸不油腻，
小小便当中
爽朗明快的搭配，
是增进食欲的法则。
炸虾表皮香脆，
虾肉鲜香，
是日式洋餐中一道
豪华的菜肴。

【菜谱】

· 白米饭 · 炸大虾 · 香肠花 · 生菜
· 稚鱼菜松 · 卷心菜火腿沙拉 · 西蓝花

【制作图解】

图1 图2 图3
图4 图5 图6

【制作过程】

炸大虾（4 人份）

· **材料：** 大虾 10 尾，面粉 50 克，鸡蛋 1 个，牛奶 40 克，盐、胡椒粉少许，面包糠适量

· **做法：** 1. 大虾剥壳去虾线，洗净擦干，虾背虾腹每节之间交错各切刀口，令大虾直伸（图 1）。

2. 容器中混入鸡蛋、面粉、牛奶、盐、胡椒粉，搅拌均匀，将 1 的大虾蘸面糊（图 2）。

3. 蘸了面糊的大虾裹上面包糠后，暂放 10 分钟（图 3）。

4. 将 3 下入 170℃的油锅炸至金黄（图 4、图 5）。

卷心菜火腿沙拉

· **材料：** 卷心菜 1/2 个，火腿数片，胡萝卜 1/2 根，盐，香油

· **做法：** 1. 卷心菜洗净切丝，胡萝卜洗净，去皮切丝，火腿片切丝备用。

2. 卷心菜丝、胡萝卜丝用沸水焯一下，火腿丝用香油轻煎后冷却。

3. 将 1 和 2 拌在一起，加盐和香油，最后撒辣椒丝（图 6）。

【装盒】

米饭装入便当盒的一半，用生菜间隔，另一半先放入主菜炸大虾，再放入装在盛杯中的沙拉，之后用香肠花和西蓝花填充空隙。

【小贴士】

大虾腹背切刀口，可令炸后的大虾笔直不弯曲。

{ 营养健康便当 }

素烧鰤鱼便当

营养食品也可以超好吃

鰤鱼肉肥厚鲜嫩，
适合煎炒烹炸，在日本
也用于制作刺身，
因而被称为「出世鱼」，
具有吉祥的意义。
选用木质便当盒，
不仅可烘托菜肴的色泽，
更能令饭香菜香，
保持新鲜不变的风味。

【菜谱】

· 白米饭　· 酸梅干　· 毛豆煎蛋双丁　· 香肠花　· 生菜
· 黑芝麻　· 素烧鰤鱼　· 炒牛蒡丝　· 西蓝花

【制作图解】

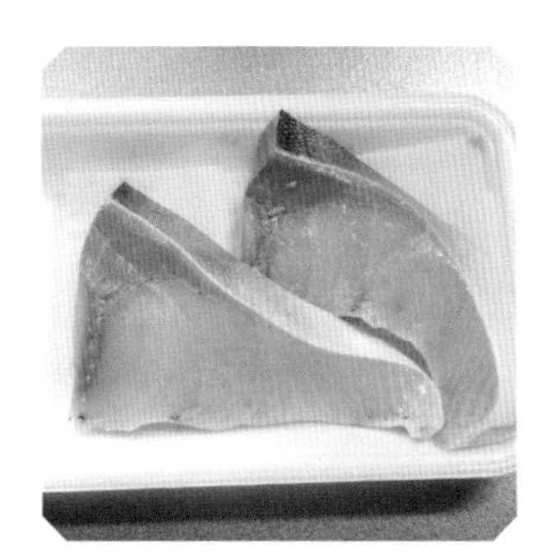

图1

图2

图3

图4

图5

图6

【制作过程】

素煎鰤鱼（2人份）

· **材料**：鰤鱼两块，料酒30克，酱油20克，味啉20克，盐少许，低筋面粉少许

· **做法**：1. 撒少许盐在鰤鱼上，放置15分钟去腥味（图1）。

2. 锅内油烧热，鰤鱼轻敷低筋面粉，从鱼皮煎起，加料酒，全部颜色变得金黄时，再加酱油、味啉收汁（图2、图3）。

毛豆煎蛋双丁

· **材料**：鸡蛋3个，毛豆一盒，盐适量

· **做法**：1. 毛豆用盐水煮熟，剥出豆粒备用（图4）。

2. 鸡蛋打散加盐，用煎蛋锅煎出厚煎鸡蛋，冷却后切块，与毛豆拌在一起（图5、图6）。

【装盒】

分为主食盒与菜式盒。米饭装盒后，间隔出炒牛蒡丝、香肠花等副菜的位置，并在米饭上撒少许黑芝麻，加放酸梅干。主菜盒中主菜菜肴分别用盛杯盛好。

【小贴士】

酸梅干不仅可以调味，也是一种令便当抗菌的好材料。

如果购买鰤鱼不太方便，也可用其他适合煎炸的鱼类代替。

{ 营养健康便当 }

炸贝柱便当

海味也能小清新

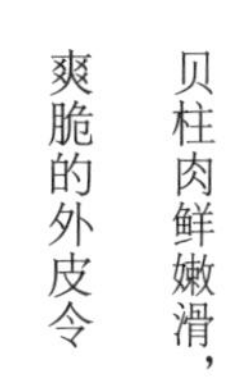

贝柱肉鲜嫩滑，
爽脆的外皮令
两种口感在口中
同时绽放，
百品不腻。
蕾丝花的便当，
尽显女性的柔美。

【菜谱】

· 白米饭　　· 芝士花　　· 炒鸡蛋黄瓜片
· 火腿花　　· 炸贝柱　　· 生菜

【制作图解】

图1

图2

图3

图4

图5

图6

【制作过程】

炸贝柱（4人份）

· **材料：** 大贝柱8个，盐、胡椒粉少许，鸡蛋1个，低筋面粉40克，牛奶适量，面包糠适量

· **做法：** 1. 贝柱撒盐和胡椒粉浸味（图1）。

2. 鸡蛋、低筋面粉、牛奶混合，搅拌均匀，把1的贝柱放入其中挂面糊（图2）。

3. 将2的贝柱裹上面包糠（图3）。

4. 在200℃的油锅里炸至金黄（图4、图5）。

炒鸡蛋黄瓜片

· **材料：** 鸡蛋2个，黄瓜1根，盐、胡椒粉少许，葱花适量

· **做法：** 1. 鸡蛋打散，加少许盐，黄瓜切片备用。

2. 将黄瓜片放入热油锅中翻炒，加盐及胡椒粉翻炒后盛出。

3. 炒鸡蛋，在八成熟时，将2的黄瓜片加入翻炒，撒葱花出勺（图6）。

【装盒】

主食放在便当盒中心，主菜用生菜隔开放在米饭一边，副菜装盛杯放在米饭另一边。在主食上放一片芝士花。

【小贴士】

贝柱最好选择可以生食的大贝柱，用短时间过油炸脆。

{ 营养健康便当 }

什锦海鲜便当

整个海洋都搬到了便当盒里

什锦海鲜用于调味，
清口解腻，
配料丰富营养，
令便当看起来
更增食欲。
小小胡萝卜花朵，
俏皮地绽放在饭团上，
色彩对比强烈。

【菜谱】

· 白米饭团　· 胡萝卜花　· 凉拌白菜　· 圣女果
· 海苔　· 什锦海鲜　· 盐味西蓝花　· 葡萄

【制作图解】

图 1

图 2

图 3

图 4

图 5

图 6

【制作过程】

什锦海鲜（4 人份）

· **材料**：肉片 50 克，杏鲍菇 2 个，竹笋片适量，玉米笋 6 根，豌豆半盒，豆角 6 根，蒜适量，西蓝花 1/4 朵，虾仁适量，鱿鱼适量，姜末少许，料酒 20 克，蚝油 30 克，酱油 20 克，砂糖 10 克，盐、胡椒粉少许，鸡精适量，淀粉适量，香油少许

· **做法**：1. 青菜类去丝，切段，切块，洗净沥干备用（图 1）。

2. 杏鲍菇、笋片、玉米笋洗净切片切段，玉米笋和笋片用开水焯一下（图 2）。

3. 虾仁去虾线，鱿鱼打花刀后切片，过油（图 3）。

4. 蔬菜类下入热油锅翻炒后盛出备用（图 4）。

5. 热油锅下姜末炒香，加入肉片，翻炒变色后加少许酱油，然后下入蔬菜类，加盐胡椒粉。锅中加水，添入鸡精、料酒、蚝油、酱油、砂糖及盐和胡椒粉，在汤汁减少时加入海鲜翻炒，用水淀粉勾芡，出勺前淋香油（图 5、图 6）。

【装盒】

主食和菜食分开。主食用保鲜膜团出饭团后，贴上海苔和胡萝卜花，装进餐盒，用生菜、圣女果、葡萄填充空隙。主菜副菜用盛杯装好，放在另外一个餐盒里。

【小贴士】

玉米笋和笋片，也可以用罐头类。

｛营养健康便当｝

干烧虾仁便当

从视觉到味觉都热情似火

金红色调的虾仁，
香辣鲜嫩，
配上清淡的副菜，
可以让人大快朵颐。
看似清凉的配菜，
实则火热的口味。

【菜谱】

· 蛋黄菜松饭团　· 四季豆拌小鱼　· 水煮豌豆

· 干烧虾仁　· 火腿花　· 西蓝花沙拉

【制作图解】

图1

图2

图3

图4

图5

图6

【制作过程】

干烧虾仁（2人份）

· **材料**：大虾10~20尾，青豆1盒，洋葱1/4个，葱、姜末、蒜泥各适量，豆瓣酱3克，番茄酱50克，蚝油10克，酱油15克，味啉8克，砂糖20克，鸡精8克，香油少许，淀粉适量

· **做法**：1. 大虾去壳，去虾线，洗净，撒少许淀粉，在热油锅中翻炒变色盛出（图1）。

2. 洋葱、大葱切碎块、葱花，加入番茄酱、蚝油、酱油、味啉、砂糖、鸡精和水调料。

3. 香油烧热后，加入姜末，蒜泥，豆瓣酱炒香，将2的调料放入烧开。

4. 爆炒青豆，加虾球后翻炒，倒入酱汁，烧至黏稠，加葱花、洋葱块，淋香油出锅（图2、图3）。

四季豆拌小鱼

· **材料**：小鱼一盒，四季豆8根，香油适量，盐少许

· **做法**：1. 四季豆去丝，切段，用沸水焯熟（图4）。

2. 香油烧热，小鱼炒脆（图5）。

3. 将1和2的四季豆、小鱼拌在一起，加盐和香油（图6）。

【装盒】

用保鲜膜将米饭做成饭团，加蛋黄、菜松，摆在便当盒一端。中间以西蓝花作为间隔。主菜、副菜各装盛杯，并排放在便当盒另一端。空隙部分以火腿花、生菜填充。

【小贴士】

虾球上的淀粉在和酱汁混合时即可产生勾芡效果。如觉得不够黏稠，可再次勾芡。

{ 清新素食便当 }

春天的菜园 沙拉菜便当

以清香爽口低热量的
沙拉作主菜，
大胆开启便当新概念。
炸肉块作副菜，
是调节口味
增加风味的好搭配。

【菜谱】

- 白米饭
- 嫩菜双椒沙拉
- 毛豆
- 日式调料
- 鱼子松
- 炸肉块
- 柠檬片

【制作图解】

图1

图2

图3

图4

图5

图6

【制作过程】

嫩菜双椒沙拉

· **材料**：嫩菜适量，黄瓜1根，红辣椒1个，黄辣椒1个，圣女果4～5个

· **做法**：1. 嫩菜摘好洗净沥干，黄瓜洗净沥干，切块（图1）。

2. 红、黄辣椒洗净，切5毫米条，放入耐热容器，盖上保鲜膜，用微波炉加热5分钟。

日式调料

· **材料**：酱油230克，色拉油200克，醋（苹果醋）200克，砂糖70克，洋葱1/2～1个

· **做法**：将以上材料放入榨汁器搅拌（图2）。

炸肉块（4人份）

· **材料**：猪肉250克，料酒30克，姜汁5克，酱油5克，淀粉适量

· **做法**：1. 猪肉切成一口大的块（图3）。

2. 将料酒、姜汁、酱油混入肉块中，搅拌5分钟，撒淀粉，再次搅拌均匀（图4）。

3. 将2放入170℃的油锅中，炸至金黄（图5、图6）。

【装盒】

以沙拉菜为主食的便当，分成两盒装，一盒为主菜沙拉，另一盒为主食和副菜。

【素食便当的爱心激励】

“妈妈，比起节食来，健康更重要，应该好好吃饭啊！”“妈妈，想要苗条，必须好好吃饭，饿肚子的节食，瘦的是骨头，而不是脂肪。”这就是我家儿子在7岁时对我说的话（苦笑）。

那之后，他们时常不忘鼓励我，比如在夸我衣服好看的同时，还会附带一句“看上去很苗条啊”之类的话，果然子不嫌母丑。每次一起出去玩，他们都会拉着我的手说：“妈妈，走楼梯比较好，这样既可以锻炼身体，又可以瘦身，我来陪你走。”于是不管楼层多高路多长，他们都放弃搭乘扶手梯，和我手拉着手一起步行。只是偶尔坐在我身后时，会很自然地捏着我腰间的赘肉玩，如果我佯怒说这是嫌弃我胖，儿子就立刻会嬉皮笑脸地说：“我可以帮你捏掉不要的肉啊！”

超和越6岁上学后，我就不再似从前那么忙碌了。加之长时间坐着工作，不觉长起了赘肉。于是开始琢磨如何节食，最先想到的是便当的内容。我很喜欢肉食海鲜，今后如何在每天的午饭时间解决蔬菜摄取不足的问题，成了我的一个新课题。

成人每日蔬菜摄取的达标量是350克，如果把便当的主菜转换成菜食，甚至沙拉，将肉类作为副菜，是否可以令自己的身体状况有所改变呢？“素食便当”打破习惯的主副菜份量，以“菜食：（主食＋副菜肉食）=1∶1”的比例，保证了午饭摄食蔬菜在250克左右。新的尝试逐渐改变了以往的饮食生活习惯。素食构成的午餐，使午后的工作时间里不会感到腹部饱胀。

素食便当，来源于儿子的一句“想要节食，必须好好吃饭”的叮嘱，循环往复的日常，因为孩子们的关切，充满了新鲜感。

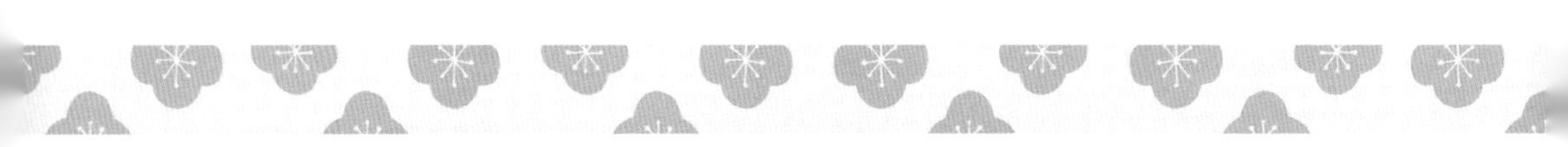

{清新素食便当}

豆芽菜便当

素菜也有多种口味

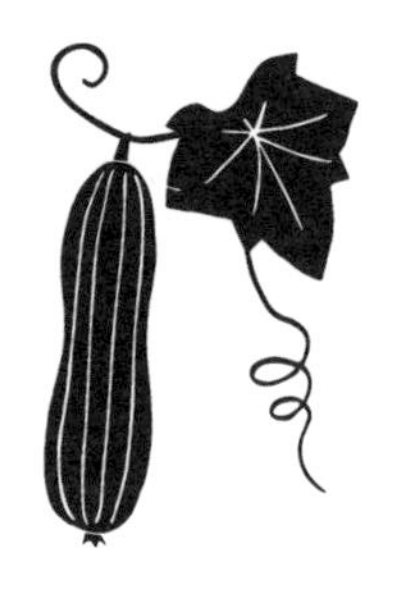

清淡的豆芽菜，
醇厚的凉拌双丁，
辛辣的朝鲜萝卜，
一盒多味的调和。
主食菜肴水果
六等分的便当，
一餐享受多彩的
食品内容。

【菜谱】

· 白米饭 · 凉拌双丁 · 朝鲜辣萝卜 · 圣女果 · 葡萄
· 豆芽菜 · 毛豆 · 盐水西蓝花 · 生菜

【制作图解】

图 1

图 2

图 3

图 4

图 5

图 6

【制作过程】

豆芽菜（2 人份）

· **材料**：豆芽 1 盒，猪肉 150 克，胡萝卜 1/2 根，韭菜适量，大葱适量，盐、胡椒粉少许，鸡精 5 克，香油适量

· **做法**：1. 豆芽洗净（亦可摘去两头），沥干，胡萝卜洗净，去皮，切细条，大葱切葱花（图 1）。

2. 猪肉切片，揉少许淀粉，放入热油锅翻炒至变色，加入胡萝卜翻炒后，顺次加进豆芽、盐、胡椒粉、鸡精和葱花翻炒，出锅前淋数滴香油（图 2、图 3）。

凉拌双丁（2 人份）

· **材料**：牛肉 200 克，鸡蛋 2 个，盐、胡椒粒适量

· **做法**：1. 牛肉切厚片，切断筋，撒盐和胡椒粒调味，放入热油锅煎炒（图 4）。

2. 一面变色后，翻至另一面，再加少许盐，煎至熟透。出锅冷却后，切丁（图 5）。

3. 鸡蛋打散加盐，搅拌均匀，倒入煎蛋锅，煎成鸡蛋饼，冷却后切丁。

4. 将牛肉丁和鸡蛋丁混合（图 6）。

【装盒】

用盛杯将便当分割成六等分，分别装主食的白米饭团和各种菜肴及水果，最后在饭团上做装饰点缀。

【小贴士】

凉拌双丁中的肉块，也可以使用酱牛肉。

part3

{ 清新素食便当 }

舞茸青菜便当

享受素菜真滋味

舞茸不仅富含多种营养成分，而且肉质脆嫩爽口，是食药兼用的佳肴。南瓜不加任何调料就十分甜美。具多种健康功效的舞茸与原汁原味的南瓜，令菜食午餐内容更加丰富多彩。

【菜谱】

· 白米饭
· 红彤鸡块
· 生菜
· 舞茸青菜
· 蒸南瓜

【制作图解】

图1

图2

图3

图4

图5

图6

【制作过程】

舞茸青菜（4人份）

· **材料：** 舞茸1朵，虾仁150克，培根3片，盐、胡椒粉少许，鸡精5克

· **做法：** 1. 青菜洗净沥干，切段。舞茸洗净掰开，沥干水分（图1、图2）。

2. 培根切小片，虾仁和培根片放入热油锅爆炒后，加入青菜和舞茸及盐、胡椒粉、鸡精等调味料，炒熟后出锅（图3、图4）。

红彤鸡块（4人份）

· **材料：** 鸡脯肉2块，面粉50克，鸡蛋1个，蒜蓉少许，姜末少许，鸡精适量，番茄酱适量

· **做法：** 1. 鸡脯肉去皮，剁成肉糜，与面粉、鸡蛋、蒜蓉、姜末、鸡精搅拌后团成块状，用180℃的油炸至熟透。

2. 番茄酱炒热后，加入1中，翻炒，挂汁入味后出锅（图5）。

蒸南瓜

· **材料：** 南瓜

· **做法：** 南瓜洗净切块，放入蒸锅内蒸熟（图6）。

【装盒】

在主食盒中间放盛杯，装入原味南瓜，两面分别装入米饭。菜肴一盒，也用盛杯分开装盒。

【小贴士】

舞茸又名灰树花，是食、药兼用蕈菌，其肉质脆嫩爽口，具有很好的保健作用和很高的药用价值。如果找不到舞茸，可以用其他菌类代替。

{ 清新素食便当 }

三丁拼盘便当

中日混搭的爽口小品

中式家常肉菜和
日式鱼松海苔饭团
搭配的趣味便当。
简单的酱肉，
切丁作拼盘爽口，
切片则是晚酌的良友。

【菜谱】

· 鲑鱼松海苔饭团
· 酱牛肉、酱蛋
· 生菜
· 三丁拼盘
· 西蓝花

【制作图解】

图1 图2 图3 图4 图5 图6

【制作过程】

鲑鱼松海苔饭团

· **材料**：米饭1碗，鲑鱼松适量，海苔2张

· **做法**：1. 用保鲜膜将米饭包裹成饭团，去掉保鲜膜，用海苔裹住饭团，再包上保鲜膜固定(图1)。

2. 在饭团中心，切出“十”字，将鱼松放入十字内。

三丁拼盘（4人份）

· **材料**：酱牛肉1块，黄瓜1根，红辣椒1个，调料（香油、醋、酱油、豆瓣酱、小葱花）适量

· **做法**：1. 黄瓜洗净沥干水分，切丁。红辣椒洗净切丁，用沸水焯熟（图2、图3）。

2. 酱牛肉冷却后切丁，将三丁拌在一起，拌上调料（图4、图5）。

酱牛肉、酱蛋（4人份）

· **材料**：牛肉650克，煮鸡蛋4个，葱2根，姜1块，花椒数粒，八角2个，桂皮1块，酱油、料酒、糖适量

· **做法**：牛肉过水沥干后，切几大块，放入锅内，加没过牛肉的水，放入煮鸡蛋、葱段，再加酱油、料酒、砂糖，以及装在纱布香料包中的花椒、八角、桂皮。煮沸后，文火烧至收汁(图6)。

【装盒】

主菜装在盛杯内，与主食之间用副菜隔开。

【小贴士】

入味着色的酱蛋，切开后看起来能诱发食欲，吃起来也方便。

part3

{ 多彩特色饭便当 }

鲑鱼青紫苏拌饭便当

当小清新遇上重口味

鲑鱼肉的口感与
青紫苏的清香
堪称绝配，
盐水虾配黄金鳕鱼炸糕
味道鲜美。

【菜谱】

· 鲑鱼青紫苏拌饭
· 盐水虾
· 香肠花
· 圣女果
· 黄金鳕鱼炸糕
· 鸡蛋火腿花卷
· 豌豆
· 生菜

【制作图解】

图1

图2

图3

图4

图5

图6

【制作过程】

鲑鱼青紫苏拌饭（1人份）

· **材料**：白米饭一碗，熟鲑鱼肉，紫苏两片，盐少许

· **做法**：1. 白米饭盛入碗中，加入鲑鱼肉拌匀（图1）。加入紫苏和少许盐，搅拌均匀（图2）。

2. 装入饭盒内（图3）。

鸡蛋火腿花卷

· **材料**：鸡蛋1个，火腿肠1片，盐少许

· **做法**：1. 鸡蛋打散，倒入平底锅，煎薄饼。取出对折，切5厘米宽等距离刀口（图4）。

2. 火腿片同样对折，切等距离刀口。

3. 先将火腿片卷起，再把蛋饼卷在火腿片上，最后用意大利粉固定（图5）。

黄金鳕鱼炸糕(2人份）

· **材料**：鳕鱼250克，盐、胡椒粉少许，面粉、面包糠适量，鸡蛋1个

· **做法**：1. 将鳕鱼切碎，撒盐、胡椒粉少许，鸡蛋打散。依面粉、鸡蛋汁、面包糠顺序裹好成勾玉型。

2. 放入170℃的油锅里，炸至金黄（图6）。

【装盒】

鲑鱼青紫苏拌饭斜着装进盒内，用生菜隔开。放主副菜，最后点缀圣女果和水果签。

【小贴士】

鲑鱼肉可以自己烧烤，去骨撕碎。亦可用其他鱼肉代替。

黑白米花样饭便当

看米粒七十二变

黑米富含多种营养元素和维生素，是既利于心血管系统保健，又利于儿童发育的营养食品。白米饭和黑米的混合，可以做出粉紫色饭，粉嫩香醇，百搭各种菜肴。

【菜谱】

· 黑白米花样饭 · 水煮南瓜 · 圣女果

· 糯米鸡块 · 鱼肠花 · 生菜

【制作图解】

图 1

图 2

图 3

图 4

图 5

图 6

【制作过程】

糯米鸡块（4 人份）

· **材料**：鸡肉 350 克，蒜泥、姜末少许，料酒 30 克，酱油 20 克，芝麻油 5 克，鸡蛋 1/2 个，面粉 20 克，淀粉 20 克，糯米 20 克

· **做法**：1. 鸡肉洗净切一口大的块，糯米炒熟压碎（图 1）。

2. 将鸡块和蒜泥、姜末、料酒、酱油、芝麻油一起倒入清洁的塑料袋，揉入味，冷藏 30 分钟，再将鸡蛋、面粉、淀粉和碎糯米倒入揉搓（图 2）。

3. 把 2 倒入热油的平底锅（图 3）。随时翻动每个鸡块（图 4）。

4. 鸡块煎至内里熟嫩，外表金黄（图 5、图 6）。

【装盒】

黑白米饭装入便当盒，用生菜隔开，主菜糯米鸡块放入盛杯，居便当盒 1/4 位置，周围分布副菜。最后用鱼肠做花点缀在米饭上。

【小贴士】

糯米鸡块，不用油锅炸，可以减轻油分。

【木制曲线便当盒】

在不间断的便当制作过程中，越来越吸引我的是各式各样的便当盒。如果说便当本身是一幅画，那么便当盒就是承载这幅画的内涵，并烘托这幅画格调的画框。当我遇到木制曲线便当盒，把自己的料理装进盒中时，眼前呈现的那种视觉美所带来的感动真是无以言表。

树龄 150 ~ 200 年的杉木，木纹鲜明，木香清芬，木质挺直且具弹性，轻巧匀细，年轮整齐，或显鲜红，或呈淡黄，简洁中透着典雅，质朴中带着时尚。将这种杉木以手工分割后，刨磨得光且薄，然后浸入热水中，使木板变得柔软后取出，在制作台上将其弯曲，暂时固定住重合部分，令其自然干燥。干燥后先黏合连接处，再开洞用樱树皮缝合，最后嵌入底板，就完成了这种取材大自然、纯手工制造的精美作品。刚刚煮好的米饭装入这种饭盒后，水汽会被木材吸收，使米饭变得口感筋道，而且这种便当盒还具有防腐作用。

木制曲线便当盒历史悠久，早在日本安土桃山時代的庆长 5 年（西历 1600 年）就有记载。关原之战中，败北的佐竹义宣侯因减俸移迁，使领地民众生活陷入窘境。为了打开局面，领属中的大馆城主佐竹西家，利用领地内丰富的森林资源，奖励下级武士以制作木制饭桶为副业，开始了向酒田、新潟、关东等地输出的商品制作。流传至今，扩展为适应社会需求的便当盒制作。

木制曲线便当盒价格不菲，使用前需要用温水清洁阴干，以去除木味。为了防止变形，不可长时间泡在水中，清洗后要先用干净的软布擦干。如能精心使用，可陪伴你五六年。当料理带着历史的厚重感和现实的美味，如一幅装饰画一般摆在眼前时，一切都可以不计较了。

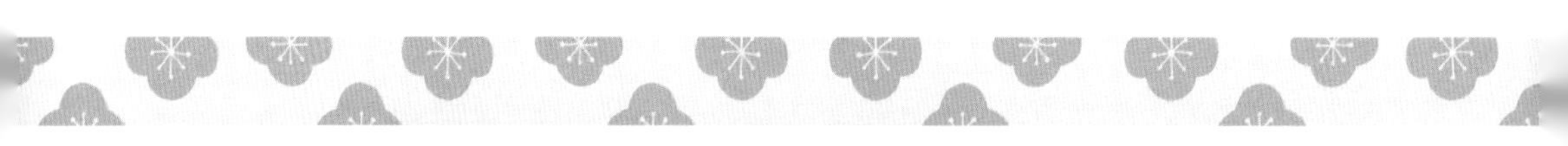

蝶恋花蛋包饭便当

蝴蝶蜜蜂都飞到便当里啦

大人孩子都爱的味道，
营养满点的午餐。
鸡蛋饼的花色设计，
让便当活色生香。

【菜谱】

· 蝶恋花蛋包饭　· 火腿花卷　· 四季豆　· 生菜
· 毛豆炒海贝　· 秋葵　· 圣女果

【制作图解】

图 1

图 2

图 3

图 4

图 5

图 6

【制作过程】

蝶恋花蛋包饭（1人份）

· **材料：** 白米饭1碗，鸡肉150克，洋葱1/2个，青椒1个，胡萝卜1/3根，酱油、盐、胡椒粉少许，番茄酱适量，鸡蛋1个

· **做法：** 1. 鸡肉、洋葱、青椒、胡萝卜切丁，鸡肉揉少许淀粉，放至热油锅中煎炒至变色，加少许酱油入味，放入其他蔬菜翻炒（图1）。

2. 加入米饭、盐、胡椒粉翻炒（图2）。

3. 加番茄酱翻炒均匀出锅（图3、图4）。

4. 鸡蛋分蛋黄、蛋白各自打散，加少许盐。蛋黄部分加入蛋白半量，摊薄蛋饼，用心形模具扣出心形。再次放回煎蛋锅，将蛋白倒入心形中，番茄鸡肉饭包在蛋饼中（图5）。

毛豆炒海贝

· **材料：** 海贝200克，毛豆200克，盐、胡椒粉、鸡精适量

· **做法：** 1. 毛豆煮熟剥出，海贝加盐、胡椒粉入味，放入热油锅翻炒至熟透。

2. 加毛豆翻炒后加盐、鸡精，再翻炒数下即可出锅盛盘（图6）。

【装盒】

先将番茄鸡肉饭包裹在蛋饼中装盒，调整形状后用生菜隔开，再装各种配菜。

【小贴士】

蛋饼的小装饰可以给便当整体带来变化感，在蛋饼表面用蝴蝶模具扣出蝴蝶形状，可以看到蛋饼下面的番茄蛋饭，促进食欲。

什锦炒饭便当

最简单却是最永恒

妈妈的味道，
永远的
基本款美食。
肉蛋菜俱全的炒饭，
即使没有配菜，
也是色香味
营养俱全。

【菜谱】

· 什锦炒饭
· 生菜
· 秋葵酱汁鸡块

【制作图解】

图1 图2 图3

图4 图5 图6

【制作过程】

什锦炒饭（1人份）

· **材料**：白米饭1碗，胡萝卜1/2根，四季豆10根，培根150克，盐、胡椒粉少许，鸡精适量，鸡蛋1个，芝麻油少许

· **做法**：1. 四季豆去丝洗净切小段，胡萝卜切丁（图1）。培根切块（图2）。

2. 将1放入热油锅翻炒，加少许盐和胡椒粉（图3）。

3. 倒入米饭，加鸡精、盐、胡椒粉继续翻炒（图4）。

4. 鸡蛋打散，炒熟后与3混合翻炒均匀，出锅前淋少许芝麻油（图5、图6）。

秋葵酱汁鸡块（4人份）

· **材料**：鸡肉350克，秋葵适量，料酒15克，酱油40克，味啉、醋15克，淀粉、芝麻适量

· **做法**：1. 鸡肉切成一口大的肉块，放入盆中，加料酒和15克酱油，揉搓入味。

2. 入味的鸡肉块均匀撒上淀粉，用热油炸熟成金黄色，捞出备用。

3. 秋葵去蒂，轻轻刮去绒毛，用沸水焯熟，切成小段。

4. 把余下的酱油25克、醋、味啉与秋葵搅拌后，和炸好的鸡块一起倒入锅中，翻炒一下即刻取出，撒上芝麻。

【装盒】

炒饭装入便当盒的2/3，配菜用套盒装好后放入便当内。

【小贴士】

炒饭的肉菜可以根据自己的喜好调整变换，注意红绿黄色彩搭配。

日式煮菜饭便当

和风家常真滋味

朴素的日本家常饭，
令人着迷的味道。
任何食材都可以加入，
丰富厚实的风味
是孩子们的最爱。

【菜谱】

· 日式煮菜饭
· 火腿海苔蛋卷
· 圣女果
· 葡萄
· 什锦笋菜
· 西蓝花
· 生菜

【制作图解】

图1 图2 图3

图4 图5 图6

【制作过程】

日式煮菜饭（4 人份）

· **材料：** 白米饭 450 克，竹笋、海带、山菜、胡萝卜、蘑菇适量（共约 250 克），酱油 30 克，鸡精 8 克，料酒少许，味啉 5 克，油少许

· **做法：** 1. 竹笋、海带、山菜、胡萝卜、蘑菇等洗净切片，用料酒和酱油入味（图 1）。

2. 淘 300 克米，按普通分量刻度加水（图 2）。

3. 放竹笋、海带、山菜、胡萝卜、蘑菇后，加入酱油、料酒、味啉、鸡精、油（图 3）。

4. 蒸饭，饭熟后，用饭勺将锅中米饭环绕翻起，将蔬菜拌匀（图 4）。

什锦笋菜（4 人份）

· **材料：** 猪肉 200 克，芦笋 1 把，竹笋、玉米笋、胡萝卜适量，酱油、盐、胡椒粉、鸡精少许

· **做法：** 1. 芦笋底部削皮、切斜段，竹笋和胡萝卜切片。肉裹少许淀粉，炒至变色，加酱油入味。

2. 把所有蔬菜放入翻炒，加盐、胡椒粉、鸡精。炒熟出勺（图 5）。

火腿海苔蛋卷

· **材料：** 鸡蛋 2 个，火腿片两片，海苔、盐少许

· **做法：** 鸡蛋打散摊薄蛋片，上加火腿片、海苔，从头卷起。凉后切段（图 6）。

【装盒】

一盒全部装日式煮菜饭，另一盒分主副菜和水果分装。

【小贴士】

日式煮菜饭中还可以加鸡肉或油炸豆腐等。

十谷玄米饭便当

十种米的元气便当

章鱼天妇罗是无论男人
还是男孩子都十分喜爱
的一套菜肴。
虽是油炸菜，
但是天妇罗以它特有的
爽口深受喜爱，
配以酸酸的沙拉，
和营养丰富味道香美的
十谷玄米饭，
是四季都人气满满的
一盒便当。

【菜谱】

· 十谷玄米饭　· 五彩章鱼沙拉　· 盐水西蓝花

· 章鱼天妇罗　· 火腿花卷　· 生菜

【制作图解】

图 1

图 2

图 3

图 4

图 5

图 6

【制作过程】

十谷玄米饭

· **材料**：糙糯米，白糯米，黑大豆，红糯米，薏仁，黑糯米，小豆，黍米，糯米粟，小米

· **做法**：十谷玄米混合后与白米混合，淘米后浸泡 30 分钟，水量增加 30 毫升，煮饭。

章鱼天妇罗（4 人份）

· **材料**：章鱼鱼生两块，面粉 45 克，淀粉 30 克，鸡蛋 1/2 个，盐适量，黑芝麻少许

· **做法**：1. 将面粉、淀粉、鸡蛋混合加水搅拌成糊状（图 1）。

2. 章鱼放在加盐的沸水中焯一下，取出沥干，切一口大的块（图 2）。

3. 将 2 的章鱼块放入 1 中挂面糊，加盐和黑芝麻（图 3）。

4. 油锅的油烧至 170℃，把挂了面糊的章鱼块炸至泛黄（图 4、图 5）。

五彩章鱼沙拉

· **材料**：章鱼脚 150 克，青菜 1 颗，土豆 1/2 个，胡萝卜丁、青豆适量，圣女果 4 个，橄榄油 40 克，醋、盐、胡椒适量

· **做法**：1. 青菜、圣女果洗净用热水焯后，青菜切段，圣女果去皮。土豆去皮加水，在微波炉中加热 4 分钟，冷却，切块。

2. 章鱼脚切块，和胡萝卜丁、青豆一起，用煮沸的盐水焯过，沥干冷却。

3. 将 1 和 2 混合，拌入橄榄油、盐、醋、胡椒（图 6）。

【装盒】

便当用套盒，一盒装主食十谷玄米饭，另一盒在两端分别用盛杯装好主菜和副菜，中间添加火腿花卷和盐水西蓝花。

咖喱饭便当

值得等待的醇厚滋味

咖喱肉菜营养全面，
味道醇厚，
是米饭的最佳伴侣。
小火长时间
煮出的浓郁，
短时间迅速制成
保留的芳香，
不同口味任你选择。

【菜谱】

· 白米饭	· 番茄软炸鸡块	· 生菜
· 牛肉咖喱	· 西蓝花	· 圣女果

【制作图解】

图 1

图 2

图 3

图 4

图 5

图 6

【制作过程】

牛肉咖喱（4 人份）

· **材料**：牛肉 320 克，洋葱 2 个，土豆 2 个，胡萝卜 1 根，咖喱块 120 克

· **做法**：1. 牛肉切块，放入热油锅内翻炒至变色（图 1）。

2. 洋葱切片，土豆、胡萝卜切块，放入热油锅内翻炒（图 2）。

3. 锅中加水，先将牛肉煮 20 分钟，再加入 2 的蔬菜，煮 20 分钟（图 3）。

4. 暂时关火，把咖喱块投入后搅拌均匀，再度点火，煮至汤水黏稠（图 4、图 5）。

番茄软炸鸡块（2 人份）

· **材料**：软炸鸡块 8 块，番茄酱适量，黑芝麻少许

· **做法**：软炸鸡块用热油两面煎好后，加入番茄酱翻炒，出锅时撒黑芝麻（图 6）。

【装盒】

先装好米饭，盛杯装主菜放入便当。米饭上铺生菜后，浇上咖喱。

【小贴士】

咖喱的肉可以根据个人喜好，选择其他肉类。

五彩寿司饭便当

精心制作值得小口品尝

五彩寿司饭
是日本的节日料理，
三月三桃花节时，
为女孩们祝福的食品。
在寿司饭上撒上
各种菜食配料，
味道甜酸爽口。

【菜谱】

· 五彩寿司饭

【制作图解】

图1 图2 图3

图4 图5 图6

【制作过程】

五彩寿司饭（4人份）

· **材料：** 白米饭450克，大虾250克，毛豆150克，荷兰豆6根，藕5厘米，牛蒡10厘米，香菇4个，胡萝卜1/3根，醋60克，砂糖30克，盐5克，鱼露45克，酱油30克，鸡蛋1个，生菜适量

· **做法：** 1. 牛蒡去皮洗净削丝，藕切薄片，先用醋水过一遍；胡萝卜、香菇切细丝。

2. 锅中放入鱼露、酱油和100克水，煮沸，倒入1的蔬菜，煮到收汁（图1）。

3. 将醋、砂糖、盐拌入米饭，再加入2拌匀（图2）。

4. 毛豆、荷兰豆用盐水煮熟，毛豆剥出，荷兰豆切丝（图3）。

5. 大虾煮熟后去壳去虾线洗净（图4）。

6. 鸡蛋薄煎切细丝（图5）。

7. 生菜洗净，用厨房纸擦干（图6）。

8. 将4、5、6、7的配料撒放在甜酸寿司饭上。

【装盒】

先将甜酸寿司饭装盒，再在饭上摆撒配料，最后放海苔丝和荷兰豆丝。

【小贴士】

可以增加喜爱的食材配料，本制作添加了海贝和樱色鱼松。

{ 豪快盖饭便当 }

当仁不让下饭好菜

酱爆茄子肉盖饭便当

浓香醇厚的酱汁，
滑软的茄子，
当仁不让的下饭菜。
午饭、晚酌的
美味家常菜。

【菜谱】

· 白米饭
· 圣女果
· 酱爆茄子肉
· 生菜

【制作图解】

图1

图2

图3

图4

图5

图6

【制作过程】

酱爆茄子肉（4 人份）

· **材料**：茄子 3 根，猪肉 200 克，蒜泥、姜末少许，料酒、酱油、豆瓣酱适量，淀粉、鸡精少许

· **做法**：1. 猪肉切块，裹淀粉备用。

2. 茄子洗净切块（图 1）。

3. 油倒入平底锅烧热，加入 2 煎至茄子吸油变软，出锅备用（图 2）。

4. 猪肉放入热油锅炒至变色，加酱油翻炒入味（图 3）。

5. 倒入 3 的茄子，加蒜泥、姜末、料酒、鸡精翻炒（图 4）。

6. 锅中加酱油、豆瓣酱和水淀粉烧至收汁（图 5、图 6）。

【装盒】

将便当盒内装入 1/3 量的米饭，铺平，生菜盖在整盒米饭的 1/2 处，再淋上酱爆茄子肉，撒少许芝麻、辣椒丝等点缀色彩。

【小贴士】

生菜盖住米饭的 1/2，既可令米饭只有部分浸味，还能为整个便当增添色彩。

{ 豪快盖饭便当 }

黄金肉排盖饭便当

酥脆香嫩百吃不厌

留住鲜嫩肉香的
黄金肉排，
无论是做米饭还是面包
的配菜都相当适合。
外脆里嫩，
百吃不厌，
是日本家庭料理的
基本款。

【菜谱】

· 白米饭 · 西蓝花 · 圣女果 · 肉排酱汁
· 黄金肉排 · 胡萝卜丝 · 生菜

【制作图解】

图1

图2

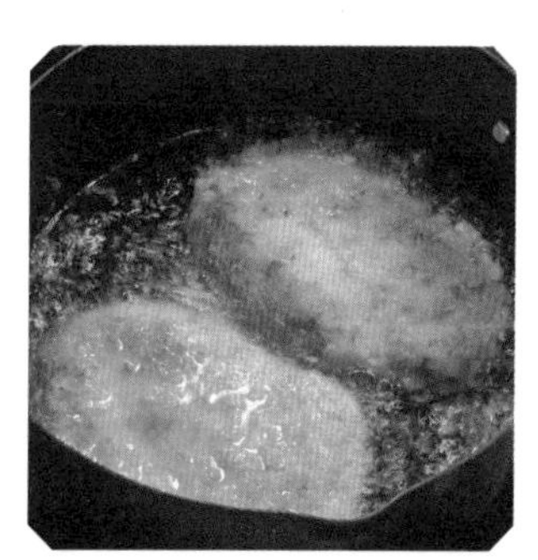

图3

图4

图5

图6

【制作过程】

黄金肉排（2人份）

· **材料**：猪肉2块，盐、胡椒粉少许，低筋面粉15克，鸡蛋1/2个，牛奶15克，面包糠40克

· **做法**：1. 猪肉用刀切断筋，用刀背轻拍肉块令其均整。

2. 在肉块正反面均匀撒上低筋面粉。

3. 牛奶和鸡蛋混合搅拌，将2的肉块放入其中，挂汁后裹面包糠，放置10分钟（图1）。

4. 油锅烧至170℃，放入3的肉块（图2）。

5. 一面炸至变色后反转（图3）。

6. 炸至双面皆为金黄色后，取出，沥油（图4、图5）。

肉排酱汁

· **材料**：砂糖10克，料酒40克，味啉20克，沙士30克，芝麻15克

· **做法**：用小火，在小锅中放上除芝麻以外的材料，搅拌烧至黏稠，出锅前加芝麻（图6）。

【装盒】

将便当盒内装入1/3量的米饭，铺平。在米饭上铺胡萝卜丝，放上切开的肉排，最后淋酱汁，撒上芝麻。

【小贴士】

裹面包糠后放置10分钟，是为了油炸时面包糠不会脱落。

油炸时，不要马上反转，应待一面煎得金黄时再翻面。

虾球嫩椒盖饭便当

火辣辣挑动味蕾

入口滑溜微辣
是米饭的最佳伴侣。
蔬菜来自大自然的
鲜红和嫩绿，
是挑起人食欲的
好搭配。

【菜谱】

· 白米饭　　· 油爆嫩椒　　· 生菜
· 干烧虾球　　· 金黄圣女果

【制作图解】

图 1

图 2

图 3

图 4

图 5

图 6

【制作过程】

油爆嫩椒

· **材料：** 小辣椒一盒，盐、胡椒粉、香油适量

· **做法：** 1. 小辣椒洗净沥水，倒入热油锅内翻炒（图1）。炒至表面变色变软，加盐和胡椒粉，继续翻炒（图2）。

2. 翻炒至少许焦煳入味，淋一滴香油出锅（图3）。

干烧虾球

· **材料：** 虾仁10~20尾，洋葱1/4个，大葱适量，淀粉适量，姜末、蒜末适量，豆瓣酱3克，番茄酱50克，蚝油10克，酱油15克，味啉8克，糖30克，鸡精5克，香油适量

· **做法：** 1. 虾仁去壳，揉入淀粉和料酒，水洗洁净（图4）。

2. 将洋葱和大葱切碎末，番茄酱、蚝油、酱油、味啉、糖、鸡精和水搅拌作调味料。

3. 将1的虾仁敷淀粉在热油锅中煎至变色，盛出。

4. 烧热香油，放入姜末、蒜末炒味，再兑入2煮沸后加入3的虾仁，汤汁变得黏稠后，加洋葱和大葱末，翻炒收汁后淋香油出锅（图5、图6）。

【装盒】

将便当盒内装入1/3量的米饭，铺平，在米饭上铺部分生菜，然后将菜肴分两组摆放，最后点缀金黄圣女果。

【小贴士】

如果给宝宝做，可以选择不辣的小青椒，不放豆瓣酱。

{豪快盖饭便当}

姜味煎肉盖饭便当

「深夜食堂」里的怀旧料理

大块的里脊肉
筋道且不腻，
爽口的姜味
令人回味无穷。
日本食堂的
大众款美味佳肴，
做法简单，
却能让人吃出幸福感。

【菜谱】

- 白米饭
- 卷心菜
- 柠檬片
- 姜味煎肉
- 圣女果

【制作图解】

图1

图2

图3

图4

图5

图6

【制作过程】

姜味煎肉（2 人份）

· **材料**：里脊肉片 200 克，料酒 25 克，酱油 35 克，生姜汁 8 克，砂糖 8 克，味啉 30 克，姜末 5 克，洋葱适量，卷心菜适量

· **做法**：1. 把适量的料酒、酱油和姜汁搅拌后，放入肉浸泡 10 分钟（图 1）。

2. 将 1 的肉片平摊在烧热油的平底锅中（图 2）。

3. 一面变色之后，翻一下煎另一面（图 3）。

4. 加入剩余的酱油、料酒及砂糖、味啉和姜末（图 4）。

5. 收汁出锅（图 5）。卷心菜洗净沥干，切细丝，作为姜味煎肉的沙拉副菜（图 6）。

【装盒】

将便当盒内装入 1/3 量的米饭，铺平，在米饭上 1/3 处放好卷心菜丝，然后将姜味煎肉摆放好，撒少许芝麻，最后点缀上圣女果。

【小贴士】

姜味煎肉时可加入洋葱丝一起煎炒。

卷心菜丝与蛋黄酱很配。

{豪快盖饭便当}

香炸豆腐盖饭便当

家常菜华丽逆袭

老幼咸宜的家常菜，
脆皮入口即化，
绵软的口感，
过口不忘。
极其简单的做法，
疲劳或时间紧迫时的
佳选！

【菜谱】

· 白米饭 · 胡萝卜

· 香炸豆腐 · 生菜

【制作图解】

图 1

图 2

图 3

图 4

图 5

图 6

【制作过程】

香炸豆腐（4人份）

· **材料**：豆腐1盒，四季豆8根，鸡精5克，酱油适量，淀粉适量，香油少许

· **做法**：1. 豆腐切8毫米厚的方块，四季豆洗净去丝，切细丁备用（图1）。

2. 将1的豆腐平摊在烧热油的平底锅中（图2）。

3. 一面变色之后，翻一下煎另一面。

4. 两面都煎至金黄（图3）。

5. 加入四季豆丁、酱油、鸡精和水，炖煮入味（图4）。

6. 淀粉用冷水和匀，倒入4的锅内，勾芡（图5）。

7. 出锅时淋少许香油（图6）。

【装盒】

将便当盒内装入1/3量的米饭，铺平，在米饭上盖上香炸豆腐。

【小贴士】

可将胡萝卜用盐水焯熟，再用模具刻出花型。

part3

{ 豪快盖饭便当 }

家常炒扇贝盖饭便当

海鲜小餐也怡人

小扇贝的鲜美和筋道的口感，饭后余香在口。简单配料，朴素家庭风味。

【菜谱】

· 白米饭
· 生菜
· 家常炒扇贝

【制作图解】

图 1　图 2　图 3

图 4　图 5　图 6

【制作过程】

家常炒扇贝（2人份）

· **材料**：小扇贝16个，青椒3个，胡萝卜1/2根，葱适量，蚝油15克，味啉10克，盐、胡椒粉少许，姜末适量，香油8克，淀粉适量

· **做法**：1. 青椒、胡萝卜切片（图1）。

2. 小扇贝洗净沥干备用（图2）。

3. 香油下锅烧热后，放入姜末翻炒后，下小扇贝（图3）。

4. 小扇贝翻炒将熟，再加入青椒和胡萝卜片，继续翻炒（图4）。

5. 加盐、胡椒粉、蚝油、味啉，翻炒入味（图5）。

6. 淀粉用冷水和匀，倒入锅内，勾芡（图6）。

【装盒】

将便当盒内装入1/3量的米饭，铺平，在米饭上盖上家常炒扇贝。

【小贴士】

用同样的做法，换成虾仁也很美味。

白斩鸡盖饭便当

清爽可口唇齿留香

白斩鸡清淡鲜美，
皮肉嫩白，
十分可口，
不仅是盖饭的选择，
也是宴会宾朋的佳肴。

【菜谱】

· 白米饭　　· 黄瓜丝　　· 圣女果

· 白斩鸡　　· 生菜　　· 特制白斩鸡酱料

【制作图解】

图 1

图 2

图 3

图 4

图 5

图 6

【制作过程】

白斩鸡（4人份）

· **材料**：鸡脯肉250克，葱半根，姜适量，盐少许，料酒30克，黄瓜1根

· **做法**：1. 鸡脯肉洗净沥干备用（图1）。

2. 锅内水煮沸后，放入鸡脯肉，加料酒、盐和葱段，烧开后转小火，撇去浮沫（图2）。

3. 煮熟后，盛出冷却（图3）。

4. 熟鸡脯肉切厚肉片，黄瓜切薄片（图4）。

特制白斩鸡酱料

· **材料**：芝麻酱30克，酱油15克，豆瓣酱少许，砂糖10克，醋5克，香油10克，姜、葱末少许

· **做法**：将上述材料混合搅拌，并淋到白斩鸡上（图5、图6）。

【装盒】

将便当盒内装入1/3量的米饭，铺平，米饭两边铺生菜，将白斩鸡摆好，加黄瓜丝、圣女果，在鸡肉上蘸特制酱汁，最后撒上黑芝麻。

【小贴士】

制作酱汁时还可以加入鸡汤，味道更加浓厚。

{ 豪快盖饭便当 }

彩虹盖饭便当

餐前的一抹七彩阳光

仿如蝴蝶翩飞在
彩虹上，
色香味俱全。
一盒便当四种味道，
清香浓郁，
样样味美。

【菜谱】

· 白米饭
· 盐水青豆
· 胡萝卜碎
· 酱味肉碎
· 鸡蛋碎
· 胡萝卜蝴蝶

【制作图解】

图1 图2 图3

图4 图5 图6

【制作过程】

酱味肉碎，盐水青豆，鸡蛋碎，胡萝卜碎（2人份）

· **材料：** 肉馅200克，鸡蛋2个，青豆适量，胡萝卜1/2根，盐、胡椒粉适量，酱油、味啉适量

· **做法：** 1. 肉馅放入热油锅里，一面炒一面用四支筷子搅拌（图1）。

2. 至肉馅变色后，加入酱油、味啉，继续搅拌翻炒至收汁（图2）。

3. 鸡蛋打入容器里，加盐（图3）。

4. 倒入热油锅中，用四支筷子边炒边搅拌（图4）。

5. 加胡椒粉，一直搅拌成蛋碎（图5）。

6. 胡萝卜切末，青豆用盐水焯一下（图6）。

【装盒】

将便当盒内装入1/3量的米饭，铺平，分别将酱味肉碎、盐水青豆、鸡蛋碎、胡萝卜碎铺放在米饭上，最后点缀蝴蝶形萝卜。

【小贴士】

用四支筷子拨动翻炒肉馅和鸡蛋，能非常均匀地炒碎。

{ 风情季节花式便当 }

烂漫樱花春日便当

微风拂过落英缤纷

盛放的樱花，
带着春天的气息，
飘进我们的生活里，
飞落在我们的便当里。
浓厚的油淋鸡块
作为便当主菜，
新颖搭配，
回味无穷。

【菜谱】

· 白米饭
· 毛豆蛋卷
· 西蓝花
· 油淋鸡块
· 鱼肠樱花
· 生菜

【制作图解】

图1

图2

图3

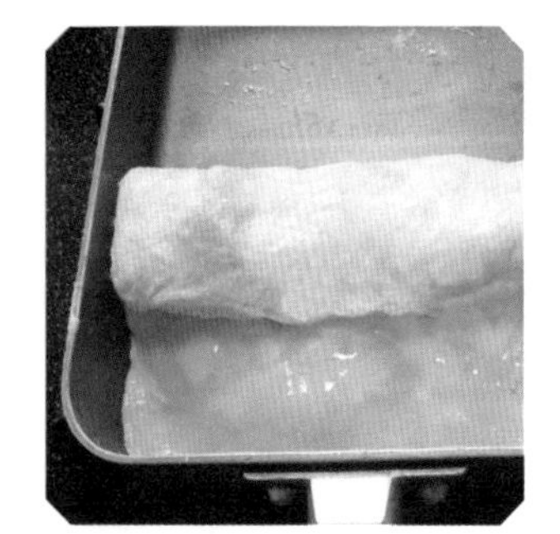
图4

图5

图6

【制作过程】

油淋鸡块（4 人份）

· **材料：** 鸡肉 300 克，料酒 15 克，盐、胡椒粉少许，长葱半根，蒜 1 瓣，姜少许，酱油 20 克，醋 20 克，砂糖 15 克，水 15 克，芝麻油 10 克，蜂蜜 5 克，淀粉适量

· **做法：** 1. 鸡肉切块后放入料酒、盐、胡椒粉拌匀，放置 15 分钟调味（图 1）。

2. 将调味的鸡块裹淀粉，放入 160℃油锅，炸熟后取出（图 2）。

3. 长葱、蒜、姜末，拌入酱油、醋、砂糖、水、芝麻油、料酒及蜂蜜，调匀后浇在鸡块上。

毛豆蛋卷

· **材料：** 鸡蛋 2 个，毛豆若干

· **做法：** 1. 毛豆煮熟，剥豆，加入打散的鸡蛋里（图 3）。

2. 煎蛋锅涂薄油，倒入半量蛋汁，熟后卷起，在空白部分倒入剩下的蛋汁，同样煎熟卷起，凉后切段（图 4、图 5、图 6）。

【装盒】

米饭装入便当盒的一半，用隔纸和生菜隔开，再放入主菜和副菜。

【小贴士】

用模具刻出鱼肠樱花，摆放在饭菜上，既丰富了菜肴口感，又增加了春天的气息。

赏金鱼夏日便当

活泼的气息扑面而来

酱味小葱炝肉片，
配又甜又香的煮玉米，
凸显夏日风情。
章鱼、金鱼的可爱造型，
让夏季变得凉爽。

【菜谱】

· 白米饭
· 煮玉米
· 香肠章鱼
· 酱味小葱炝肉片
· 香肠胡萝卜金鱼
· 生菜

【制作图解】

图1 图2 图3

图4 图5 图6

【制作过程】

酱味小葱炝肉片（4 人份）

· **材料**：猪肉片 250 克，料酒适量，烤肉酱 30 克，小葱 3 根，姜少许，淀粉适量

· **做法**：1. 姜切末，和淀粉一起揉入肉片调味；小葱切葱花（图 1）。

2. 将肉片倒入热油锅中翻炒至变色，倒入料酒和烤肉酱继续翻炒（图 2）。出锅时撒上芝麻和小葱花（图 3、图 4）。

香肠胡萝卜金鱼

· **材料**：香肠，胡萝卜，芝士片

· **做法**：1. 香肠尾部切尖，用小剪刀剪出纹理，胡萝卜切片。

2. 将香肠和胡萝卜片在沸水中焯熟，胡萝卜片切三大两小“心”形，如图拼接在一起（图 5）。

3. 芝士片切小圆，上面贴上海苔剪成的圆，作为眼睛（图 5）。

香肠章鱼

· **材料**：香肠，芝士片

· **做法**：1. 香肠从中间斜切，在底部等距离切刀。

2. 芝士片切小圆，上面贴上海苔剪成的圆，作为眼睛（图 6）。

【装盒】

米饭装入便当盒的一半，用生菜隔开，摆放好主菜和玉米，最后将金鱼和章鱼香肠摆好。

【小贴士】

用生菜表现水槽，用小葱花表现水槽中的气泡十分形象。

【夏天的风物诗】

叮铃叮铃……当风铃在微风中摇曳出一串串清凉的铃声，阳光越来越晃眼时，热气滚滚的夏季就来到身边了。

夏天的形象总是和大海、西瓜、向日葵分不开的，但是每提到夏天的风物诗，我最先想到的却是风铃、金鱼和焰火——日本的夏天很热烈。

大约在7月下旬，孩子们进入暑假，各种活动也同时展开了。商店街挂起灯笼，街头音乐也都是夏季祭祀的相关曲目。居民会开始派发节日票券，征集参加祭祀、抬神舆的男人以及做祭祀节日料理的主妇。

7月底8月初，各地组织的神舆大队在热辣辣的太阳下巡行，在“神酒所”进餐。地区盛大的焰火晚会也会轰动远近，令各城村老幼倾巢出动。近邻居住区域，则会在公园里搭起祭祀歌舞楼台，挂起成串的灯笼，伴随着民谣和大鼓的乐声，穿着浴衣（夏季和服）的男女环绕楼台起舞欢歌。

夏日祭祀节中，有很多小吃店摊位，贩卖各种酒水饮料和日式小吃：烤鸡肉串、章鱼丸子、肉菜炒面、烧玉米，甜品则是以棉花糖和刨冰为主。为节日准备的游戏，更加丰富多彩：老爷爷摆摊义务教孩子们做竹制飞机，哥哥姐姐们主持套圈、抓彩、射击。其中最有趣的，要数捞金鱼。

捞上来的金鱼被装进有水的塑料袋里，拎着回到家，放进金鱼钵，再为它们装饰些水草，喂食换水。小小的金鱼也是通人性的，把手指点在金鱼钵的玻璃壁上，它便会凑过来亲吻。

整个热辣辣的夏季，就在这透着爽快和温馨的琐碎里缓缓地流过。

红叶探秋便当

各种色彩卷起来

秋风渐凉，
满树果实的季节，
一起去采集枫叶，
收集橡果吧！
在肉类里
卷上各种蔬菜，
不仅营养均衡
味道可口，
而且卖相也相当美观。

【菜谱】

· 白米饭　· 鸡肉双彩卷　· 香肠嵌花　· 胡萝卜枫叶　· 生菜
· 猪肉双色卷　· 三色土豆沙拉　· 香肠草菇橡果　· 圣女果

【制作图解】

图1

图2

图3

图4

图5

图6

【制作过程】

鸡肉双彩卷（2人份）

· **材料**：鸡脯肉200克，胡萝卜1根，四季豆6根，料酒、酱油、胡椒粉、味啉适量

· **做法**：1. 鸡肉分块，用刀身将鸡肉拍平，胡萝卜切丝，四季豆去线丝。

2. 把适量胡萝卜丝和两根四季豆叠放在拍平的鸡肉上卷起，做成肉卷（图1）。

3. 入油锅煎至变色，加料酒、酱油、胡椒粉、味啉，盖上锅盖收汁后，切段（图2、图3）。

猪肉双色卷（2人份）

· **材料**：猪肉片150克，胡萝卜1/2根，四季豆4根，酱油、味啉适量

· **做法**：1. 四季豆去丝，胡萝卜切成方形细条。

2. 将猪肉片三枚并放，把四季豆和胡萝卜条上下交错在肉片上摆好，卷成肉卷。

3. 将肉卷放入热油的平底锅中煎至变色，加酱油、味啉，盖上锅盖收汁。凉后切段（图4）。

三色土豆沙拉

· **材料**：土豆1个，培根100克，玉米粒、胡萝卜块、青豆适量，盐少许

· **做法**：1. 土豆去皮，放入耐热容器，加水，盖保鲜膜，用微波炉热4分钟。取出捣碎。

2. 玉米粒、胡萝卜块，青豆用沸水焯熟，沥干；培根切碎块。

3. 土豆泥拌入培根块、玉米粒、胡萝卜块、青豆，加盐搅拌均匀后，用保鲜膜包裹，做成球形（图5、图6）。

【装盒】

米饭装入一盒，用生菜隔开，摆放香肠、草菇、橡果。另一盒放好主菜后，分别摆好副菜，最后用圣女果填充空隙，增加色彩。

【丰富的秋天】

为破土而出的嫩芽欣喜的春天，躺在海滩上听涛声的夏天，看着第一片雪花在手掌上融化的冬天……四季都很美，但我最喜欢秋天。

秋天的气氛变化多端，对季节的变化或追逐或不舍，当天空布满鱼鳞云时，心里却突然盈满了开放感。

喜爱秋天，还因为喜欢它的色彩，不自觉地，就会将色系归为暖色调的黄橙红褐。喜欢秋季服装不薄不厚的分量感；喜欢殷红的枫叶，金黄的银杏，圆滚的橡子果，满身刺的栗子球。小时候中学的校园里有一对银杏树，每到秋天，我都会捡拾那扇形的树叶，洗净晾干，再画上各种小画，做成书签分赠给好友们。

在日本，秋天里最大的节目，毫无异议的是万圣节。在我看来，除了圣诞节外，万圣节是最好玩有趣的洋节。作为学校家长会成员，每年我们都会为孩子们准备特别的游戏，比如家长会总动员搭建参与型“试胆量鬼屋”。与此同时，平日熟络的家长，还会每人各备美食甜点及礼物，给孩子们举办小型的家庭 party。

每年我们全家都会去横滨有名的元町万圣节 party，那是一场规模宏大的化妆晚会，孩子们盛装出街，叫着“Trick or Treat”，排队在商店街各店铺前收糖果，气氛喧闹且热烈。

秋天除了有欢乐的节目外，还被称为“读书的秋天”“艺术的秋天”“美食的秋天”“收获的秋天”。在日渐深浓的秋天里，也可以静下心来，悠闲地眺望被染满色彩的树木环抱着的街景，捧一本书，饮一杯茶，反思一下自己，想着真爱的家人和友人，在柔软的日光下，享受落叶带来的感触，淡淡地度过每一天。

雪花飘飘冬日便当

彩色的冬天很温暖

在白茫茫的
冰雪天地里，
堆雪人成了一件
十分温馨的事。
红烧排骨味道
醇厚香咸，色泽金红，
易于补气血，
是冬季里
一道不错的暖菜。

【菜谱】

· 玄米饭　· 香拌小鱼　· 圣女果　· 菠萝

· 红烧排骨　· 芝士火腿小雪人　· 生菜

【制作图解】

图1

图2

图3

图4

图5

图6

【制作过程】

红烧排骨（2人份）

· **材料**：排骨肉250克，生姜数片，大葱1/2根，八角1枚，料酒、酱油、盐、砂糖适量

· **做法**：1. 热油爆葱姜炒香，放入排骨翻炒，至变色后，加入料酒、盐翻炒一下后，加开水没过排骨（图1）。

2. 烧开，加葱、八角，改小火炖20分钟（图2）。

3. 排骨烧烂后，加酱油、糖换锅收汁（图3、图4）。

香拌小鱼

· **材料**：小鱼，鲣鱼干，芝麻，鱼露，味啉

· **做法**：1. 将小鱼、鲣鱼干、芝麻倒入盘中搅拌（图5）。

2. 把鱼露、味啉加入1中拌匀，盛盘（图6）。

【装盒】

玄米饭装在便当盒中央，菜肴分为上下两侧，最后点缀装饰。

【小贴士】

小雪人用芝士叠压火腿片做成，这样芝士不会变形。

{ 简单面包三明治便当 }

花朵般芬芳甜美

果酱卷心面包便当

花朵一样的面包卷，
最适宜轻食快餐。
软炸鸡块
与甜点一样的面包卷
堪称绝配。

【菜谱】

· 果酱卷心面包　· 凉拌芝麻四季豆　· 西蓝花
· 软炸鸡块　· 火腿花　· 草莓

【制作图解】

图 1

图 2

图 3

图 4

图 5

图 6

【制作过程】

果酱卷心面包

· **材料**：吐司面包2片，草莓果酱、蓝莓果酱适量，黄油少许

· **做法**：1. 吐司面包切掉边，涂上薄薄一层黄油（图1）。

2. 将草莓和蓝莓果酱分别涂在两片面包上后卷起（图2）。

3. 用保鲜膜包裹住两个面包卷，放置10分钟，令形状固定，切段（图3、图4）。

软炸鸡块（3人份）

· **材料**：鸡脯肉250克，蛋黄酱15克，牛奶15克，盐少许，胡椒粉适量，面包糠20克，鸡蛋1/2个，淀粉15克

· **做法**：1. 鸡脯肉剁成肉馅，放入蛋黄酱、牛奶、盐、胡椒粉和面包糠搅拌后，做成椭圆形。

2. 鸡蛋、淀粉加20克水搅拌均匀，将1裹汁，放入180℃的油中炸至金黄熟透（图5）。

凉拌芝麻四季豆

· **材料**：四季豆10根，芝麻适量，胡萝卜1/3根，盐少许

· **做法**：1. 芝麻碾碎加盐，拌匀备用。

2. 四季豆去丝后和胡萝卜一起用沸盐水焯过，四季豆切小段，胡萝卜切丁，拌上1(图6)。

【装盒】

两个盒分别装主食和配菜，凉拌芝麻四季豆略带汤汁，用盛杯装。

【小贴士】

草莓和蓝莓面包卷间隔装盒，可令便当色彩富有变化。

{ 简单面包三明治便当 }

玫瑰夹馅面包便当

送你一朵玫瑰花

打开饭盒的瞬间，
鲜美的玫瑰
令人眼前一亮。
西式小面包的夹馅却是
意外的中式家常菜，
换个搭配方式，
就会遇到
不一样的美味。

【菜谱】

· 玫瑰夹馅面包
· 葡萄
· 圣女果
· 鸡蛋豌豆丝

【制作图解】

图 1

图 2

图 3

图 4

图 5

图 6

【制作过程】

鸡蛋豌豆丝

· **材料**：鸡蛋 2 个，豌豆 10 个，盐少许

· **做法**：1. 豌豆切丝，鸡蛋打散，加少许盐搅拌均匀（图 1）。

2. 鸡蛋和豌豆丝一起下入热油锅中翻炒，再加入少许盐，炒熟后起锅装盘（图 2、图 3）。

玫瑰夹馅面包

· **材料**：奶油卷面包 2 个，生菜，火腿片 2 片，豌豆 2 根

· **做法**：1. 切开奶油卷面包，豌豆去丝用盐水焯熟斜切成两段（图 4）。

2. 将生菜夹在切口处（图 5）。

3. 盛入鸡蛋豌豆丝，火腿片卷成玫瑰形，夹在中心，两侧加上豌豆（图 6）。

【装盒】

用玻璃纸铺垫在便当盒下，自然地包住面包，再放入水果类。

【小贴士】

玻璃纸既可令便当增加花式色泽，又可以在吃的时候，用手很方便地包住面包。

{ 简单面包三明治便当 }

花杯沙拉三明治便当

温暖得像初夏一抹阳光

吐司面包片在小创意里
摇身变成花杯，
盛满美味沙拉菜。
素菜的南瓜和土豆，
味道口感不亚于肉香。

【菜谱】

· 南瓜沙拉花杯
· 土豆沙拉花杯
· 南瓜三明治
· 土豆三明治
· 香肠小兔
· 西蓝花
· 黄桃果冻

【制作图解】

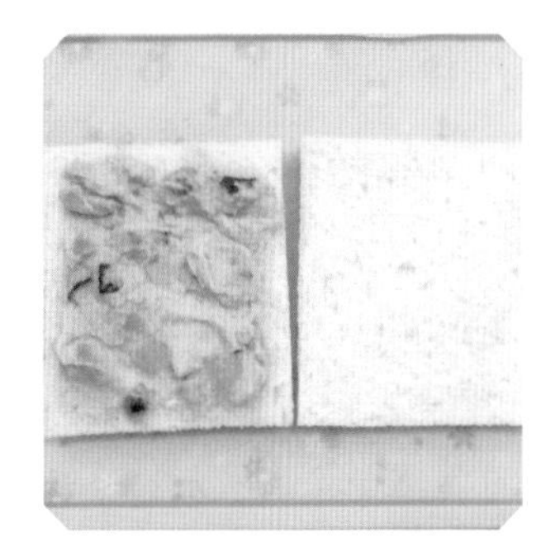
图 1

图 2

图 3

图 4

图 5

图 6

【制作过程】

南瓜三明治

· **材料**：吐司面包片2片，黄油适量，南瓜100克，胡萝卜丁少许，青豆适量，洋葱末少许，芥末3克，蛋黄酱30克

· **做法**：1. 南瓜洗净，去皮切块，耐热杯中放少许水，放入南瓜，盖上保鲜膜，微波炉加热4分钟，捣成南瓜泥。

2. 洋葱炒熟，胡萝卜丁和青豆焯熟沥干水分后，加入南瓜泥，并加入蛋黄酱搅拌。

3. 每片吐司面包片上均涂少许黄油，其中一片上涂抹南瓜沙拉，盖上另一片面包，从中间切开（图1、图2）。

土豆三明治

· **材料**：吐司面包片2片，黄油适量，土豆、胡萝卜丁少许，西蓝花碎末少许，玉米粒适量，芥末3克，蛋黄酱30克

· **做法**：1. 土豆洗净，去皮切块，耐热杯中放少许水，放入土豆，盖上保鲜膜，微波炉加热4分钟，捣成土豆泥。

2. 胡萝卜丁、西蓝花碎末、玉米粒焯熟沥干水分后，加入土豆泥，并加入蛋黄酱搅拌。

3. 每片吐司面包片上分别涂少许黄油，其中在一片上涂抹土豆沙拉，盖上另一片面包，从中间切开（图3、图4）。

南瓜沙拉花杯、土豆沙拉花杯

· **材料**：吐司面包片2片，南瓜沙拉，土豆沙拉

· **做法**：1. 面包片切6角型，放入耐热杯（图5）。

2. 在烤箱中烤7分钟，从杯中取出，分别盛入南瓜沙拉和土豆沙拉（图6）。

法棍三馅面包便当

三种层次好滋味

外脆内软的法棍，
搭配香味醇厚的肉、
鱼、芝士，
十分美味。
清爽的餐后水果，
吃货无法抗拒的享受。

【菜谱】

· 法棍三馅面包
· 葡萄
· 菠萝
· 圣女果
· 奇异果

【制作图解】

图1

图2

图3

图4

图5

图6

【制作过程】

三文鱼鱼生和芝士夹馅法棍

· **材料**：法棍，生三文鱼，芝士，生菜，橄榄油、葡萄酒醋适量，黄油、盐少许

· **做法**：1. 法棍 3 厘米切片，在中间部位切口，在切口处涂黄油。

2. 生三文鱼和芝士拌橄榄油、葡萄酒醋、盐、生菜一起夹入面包（图 1、图 2）。

西红柿拌培根芝士夹馅法棍

· **材料**：法棍，西红柿，培根，芝士，生菜，柠檬汁、橄榄油、盐、胡椒少许

· **做法**：1. 法棍 3 厘米切片，在中间部位切口，在切口处涂黄油。

2. 培根切碎块，芝士切块。西红柿切一片做托底，其他切小块。加柠檬汁、橄榄油、盐、胡椒等调味，和生菜一起夹入面包（图 3、图 4）。

酱牛肉夹馅法棍

· **材料**：法棍，牛肉，八角、桂皮少许，姜、葱、酱油、料酒、砂糖适量

· **做法**：1. 法棍 3 厘米切片，在中间部位切口，在切口处涂黄油。

2. 牛肉洗净沥干，切大块，葱切段，姜切片。锅内加水、酱油、砂糖、八角桂皮、料酒、姜葱和牛肉，大火烧开后，小火 1 小时，出锅冷却，和生菜一起夹入面包（图 5、图 6）。

【装盒】

法棍三馅面包一组装在同一盒内，另选水果盒相配。

【小贴士】

法棍切口大约 1 ~ 1.5 厘米的厚度，吃起来比较方便。

蛋糕三明治便当

轻盈甜美的雪花片

看上去可爱、
吃起来可口的
白领丽人轻型餐。
仿佛蛋糕一样的
三明治，
打开便当的瞬间，
立刻好心情！

【菜谱】

· 蛋糕三明治　· 西蓝花　· 双色奇异果
· 香肠花　· 圣女果　· 葡萄

【制作图解】

图1

图2

图3

图4

图5

图6

【制作过程】

蛋糕三明治

· **材料**：三明治面包4片，果酱

· **做法**：1. 三明治面包扣出花形，每片两个（图1）。

2. 将花形面包其中一个的中心扣出圆形（图2）。

3. 没有圆洞的一份涂上果酱，然后将有圆洞的与其重合（图3、图4）。

香肠花

· **材料**：香肠，玉米豆

· **做法**：1. 玉米豆煮熟沥干备用。

2. 香肠顶部切十字，在沸水中焯至开花，将玉米粒夹在中心（图5、图6）。

【装盒】

蛋糕三明治分上下两层装在一盒。菜肴装在另一盒。

【小贴士】

夹心部分可以选用自己喜欢的内容，非甜品也可以。

{ 可爱儿童便当 }

小熊的春天便当

带着小熊来踏青

每个孩子的童年都有
陪伴在身边的伙伴，
和你玩过家家，
听你述说，
与你一起进入梦乡。
你的伙伴是小熊吗？

【菜谱】

· 小熊鱼露饭团
· 盐水什锦豆
· 鱼糕玫瑰
· 生菜
· 花色鸡肉卷
· 蟹肉片
· 西蓝花

【制作图解】

图1

图2

图3

图4

图5

图6

【制作过程】

小熊鱼露饭团

· **材料**：白米饭 1 碗，鱼露适量，海苔

· **做法**：1. 盛出白米饭，倒入适量鱼露，搅拌均匀使米饭呈棕色（图 1）。

2. 用保鲜膜包裹米饭，团出 2 大 6 小的饭团，及 1 个白色小饭团（图 2）。

3. 将饭团摆入饭盒内，周围布置好主菜、副菜（图 3）。

鱼糕玫瑰

· **材料**：板蒸鱼糕

· **做法**：用刮皮刀从鱼糕表面刮下薄薄的皮，将鱼糕皮从头折叠着卷起做出玫瑰花样（图 4）。

花色鸡肉卷（2 人份）

· **材料**：鸡脯肉 150 克，胡萝卜 1/2 根，四季豆 4 根，料酒、酱油、味啉适量

· **做法**：1. 鸡肉分 2 块，用刀身将鸡肉拍平，胡萝卜切丝，四季豆去丝。

2. 把适量胡萝卜丝和两根四季豆叠放在拍平的鸡肉上卷起，做成两个肉卷。放入油锅煎至变色后，加料酒、酱油、味啉，盖上锅盖收汁后，切段（图 5、图 6）。

【装盒】

先摆好小熊的头部，之后是躯干各部位，在旁边注意色彩对比，放好主食配菜，固定位置后再加上用海苔剪好的眼睛、鼻子、嘴巴。

【小贴士】

可以用酱油代替鱼露，但要注意咸淡适度。

采花的小白兔便当

小白兔你去哪里呀？

小白兔在花丛中奔跑着，怀抱着采来的一束鲜花，带着欢快的笑容来到你的身边。

可爱的造型，萌翻大人和孩子。

【菜谱】

· 小白兔饭团 · 香肠花 · 芝士片 · 生菜

· 炸鳕鱼糕 · 火腿片 · 西蓝花

【制作图解】

图 1 图 2 图 3

图 4 图 5 图 6

【制作过程】

小白兔饭团

· **材料**：白米饭一碗，海苔

· **做法**：1. 盛出白米饭，用保鲜膜包裹米饭，团出一大两小的饭团及两个条形饭团（图1、图2）。

2. 将饭团摆入饭盒内，周围布置好主菜、副菜（图3、图4）。

炸鳕鱼糕（2人份）

· **材料**：鳕鱼4块，鸡蛋1个，盐、胡椒粉少许，牛奶、面粉、面包糠各适量

· **做法**：1. 鳕鱼用牛奶浸泡30分钟，擦干，撒上盐和胡椒粉。

2. 依面粉、鸡蛋、面包糠的顺序裹在鳕鱼块上。在170℃的热油中炸至金黄取出（图5）。

香肠花

· **材料**：香肠

· **做法**：1. 香肠对切，在切口中间用模具切出花型，然后顺着花瓣处切刀。

2. 放入沸水中焯至花开（图6）。

【装盒】

先摆好小兔的头部，在旁边放主食配菜，固定位置后再加上用海苔剪好的眼睛、鼻子、嘴巴，最后放上两个小饭团，并在小饭团上插上水果签。

【小贴士】

可以用其他白身鱼代替鳕鱼。

{ 可爱儿童便当 }

吃竹子的熊猫便当

和熊猫宝宝一起吃午餐

顽皮的熊猫，
抱着最爱吃的竹子，
正在享受着
它的美味午餐。
如何表现憨态可掬的
熊猫？只要有几粒
糖煮黑豆，
就可以表现出它的
可爱模样！

【菜谱】

· 熊猫黑豆白米饭团
· 爆炒青菜
· 西蓝花
· 葡萄
· 糖醋肉丸
· 糖煮黑豆
· 圣女果

【制作图解】

图1

图2

图3

图4

图5

图6

【制作过程】

熊猫黑豆白米饭团

· **材料**：白米饭半碗，糖煮黑豆 4 颗， 海苔

· **做法**：1. 用保鲜膜包裹米饭，做饭团 1 个。将饭团摆入饭盒内，周围摆好主菜糖醋肉丸和爆炒青菜（图 1）。

2. 在主食、主菜周围摆放好副菜和水果（图 2）。用海苔剪出熊猫的眼睛、鼻子和嘴（图 3、图 4）。

糖醋肉丸（4 人份）

· **材料**：肉馅 250 克，洋葱 1/2 个，青椒 1 个，红辣椒 1 个，鸡蛋 1 个，盐、胡椒粉少许，淀粉 30 克，芝麻油 5 克

糖醋勾芡：番茄酱 30 克，砂糖 20 克，酱油 20 克，醋 20 克，料酒适量，水溶淀粉 20 克

· **做法**：1. 洋葱切碎，同鸡蛋、淀粉、芝麻油、料酒一起混入肉馅中，搅拌均匀后团成肉丸。

2. 用 180℃的热油将肉丸炸至金黄色。

3. 双椒切好后，下至锅中翻炒熟，倒入肉丸，再次翻炒后盛出。

4. 番茄酱、砂糖、酱油、醋、料酒倒入锅中，加 100 毫升水，烧至沸腾后，加水溶淀粉勾芡，最后将 3 倒入锅中翻炒一下即出锅（图 5、图 6）。

【装盒】

放好饭团和主食配菜，固定位置后将用海苔剪好的五官贴在饭团上，然后将 4 颗糖煮黑豆固定在饭团上，做熊猫的耳朵和手掌。

【小贴士】

为了孩子们吃起来方便，肉丸最好团成一口大小。

吃西瓜的小猪便当

小猪我能和你分享西瓜吗？

夏日火热的阳光下，
小猪吃着甜甜的西瓜，
好美味！
用黄瓜和圣女果，
可以做出非常逼真的
西瓜。夏天里，
花一点儿小心思，
就可以给孩子们
带来一丝温馨的凉意！

【菜谱】

· 小猪白米饭团　· 鱼肠　· 特制小西瓜　· 西蓝花
· 油炸虾　· 香肠太阳花　· 秋葵　· 葡萄

【制作图解】

图 1

图 2

图 3

图 4

图 5

图 6

【制作过程】

油炸虾（3人份）

· **材料：** 小虾300克，鸡蛋1个，盐、胡椒粉少许，淀粉30克，面包糠适量

· **做法：** 1. 小虾剥皮洗净，撒上盐和胡椒粉。

2. 鸡蛋、淀粉加水拌匀，放入小虾挂汁再裹上面包糠。用170℃的油炸至金黄（图1）。

特制小西瓜

· **材料：** 黄瓜，圣女果

· **做法：** 1. 黄瓜切片后去心。

2. 圣女果切片，错落地放在1上（图2）。

香肠太阳花

· **材料：** 香肠两根，芝士片

· **做法：** 1. 一根香肠从中心竖着切开成两片，每片等距离侧切数刀，但不要切断。另一根去头，中间切圆形，在圆形周围等距离切口。

2. 将1的香肠放入沸水中焯至翻卷，取出后用意大利粉将两片弧形的香肠固定在一起，把香肠花嵌在圆形的中间，再加上芝士饼做的心（图3）。

小猪白米饭团

· **材料：** 白米饭半碗，鱼肠1/4根，海苔

· **做法：** 1. 用保鲜膜包裹米饭，做一个饭团摆入饭盒内，周围布置好主菜油炸虾（图4）。

2. 在主食、主菜周围摆放好副菜和水果（图5）。

3. 用海苔剪出小猪的眼睛鼻子和嘴（图6）。

{可爱儿童便当}

鸡妈妈和小鸡雏便当

和小鸡一起散步

鸡妈妈和
可爱的孩子们
一起幸福地散步。
用鹌鹑蛋也能
做逼真的小鸡雏，
创意在每一个瞬间。

【菜谱】

· 鸡妈妈白米饭团
· 日式煮菜
· 火腿花卷
· 番茄虾仁
· 鹌鹑蛋小鸡雏
· 圣女果

【制作图解】

图 1

图 2

图 3

图 4

图 5

图 6

【制作过程】

鹌鹑蛋小鸡雏

· **材料**：鹌鹑蛋 2 个，咖喱粉适量，胡萝卜，芝士片

· **做法**：1. 将鹌鹑蛋浸泡在盛着咖喱水的杯子里 15 ~ 20 分钟，取出后擦干水气（图 1、图 2）。

2. 将用海苔剪好的眼睛和鸡爪贴好，贴上胡萝卜做的嘴和芝士片小花（图 3）。

番茄虾仁（2 人份）

· **材料**：虾仁 200 克，番茄酱 30 克，盐、胡椒粉少许，淀粉适量

· **做法**：虾仁洗净沥干，加盐、胡椒粉，撒淀粉抓匀。放入油锅翻炒熟后加番茄酱（图 4）。

鸡妈妈白米饭团

· **材料**：白米饭半碗，胡萝卜， 海苔

· **做法**：1. 盛出白米饭，用保鲜膜包裹米饭，做饭团一个。

2. 将饭团摆入饭盒内，周围布置好主菜糖醋肉丸和爆炒青菜（图 5）。

3. 用海苔剪出鸡妈妈的眼睛（图 6）。

【装盒】

先摆好饭团，在旁边放主食配菜，固定位置后再加上用海苔剪好的五官和用胡萝卜做的鸡冠。

【小贴士】

咖喱粉加水泡出的黄色鲜艳可爱，略带咖喱味道，食用时可稍加盐。另一道日式煮菜放在心形套盒中，可增加菜肴量。

{ 可爱儿童便当 }

双象便当

饭团上的小飞象

一对华丽丽的小象，
两两相望，
赏心悦目的色彩和可爱
的造型，
令孩子们食欲大增。
海苔饭团里，
加放了鱼肉，
既营养又美味。

【菜谱】

· 鱼肉海苔双象饭　· 煎青花鱼　· 鸡蛋卷　· 圣女果
· 炸肉丸　· 蔬菜煎饼　· 西蓝花

【制作图解】

图 1

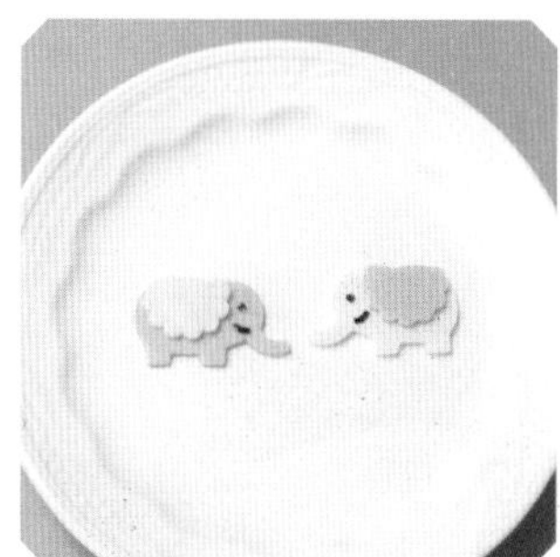

图 2

图 3

图 4

图 5

图 6

【制作过程】

鱼肉海苔双象饭

· **材料：** 白米饭1碗，鱼肉适量，海苔，芝士片

· **做法：** 1. 盛出白米饭，中心加入鱼肉，用保鲜膜包裹米饭，做2个饭团，用海苔包起后，再度包裹保鲜膜，整理形状。使用模具把黄白两色芝士片刻出大象形状（图1）。

2. 分别加上不同色彩的装饰，以及用海苔剪出的眼睛和嘴（图2）。

3. 把大象放在海苔上（图3、图4）。

炸肉丸（3人份）

· **材料：** 肉馅250克，盐、胡椒粉少许，淀粉20克，芝麻油5克

· **做法：** 1. 淀粉、芝麻油、盐、胡椒粉一起混入肉馅中，搅拌均匀后团成肉丸。

2. 用180℃的热油将肉丸炸至金黄色（图5）。

煎青花鱼

· **材料：** 青花鱼2块，料酒、盐、胡椒粉、酱油适量

· **做法：** 青花鱼放入平底锅煎至变色，加料酒、盐、胡椒粉、酱油，盖上锅盖至收汁（图6）。

【装盒】

先将饭团摆好位置，然后分别放好菜肴，注意鱼和其他食品之间用生菜隔开，最后把芝士片做的小象贴在饭团上。

【小贴士】

饭团放在中心，菜肴分为上下两侧，令便当格局产生有趣变化。

{ 可爱儿童便当 }

足球男孩便当

我是足球小子！

在阳光下追逐着足球
奔跑着的男孩子，
充满活力的脸庞
带着自信的笑容。
成长期的男孩子，
大饭量爱肉食，
双色饭团和芝麻肉饼
是最佳选择。

【菜谱】

· 肉色男孩饭团　· 芝麻肉饼　· 西蓝花　· 胡萝卜

· 足球白米饭团　· 火腿芝士卷　· 圣女果

【制作图解】

图1

图2

图3

图4

图5

图6

【制作过程】

肉色男孩饭团

· **材料**：白米饭半碗，番茄酱，海苔

· **做法**：1. 炒番茄酱米饭，盛出后，用保鲜膜包裹团成圆形（图 1）。

2. 用海苔剪出小男孩的眉毛、眼睛、鼻子和嘴，贴在 1 上（图 2、图 3）。

足球白米饭团

· **材料**：白米饭半碗，海苔

· **做法**：白米饭用保鲜膜包裹团出圆形，用海苔剪出相同的六角菱形，贴在饭团上（图 4）。

芝麻肉饼（3 人份）

· **材料**：猪肉馅 200 克，盐、胡椒粉少许，淀粉 20 克，芝麻油 5 克，芝麻适量

· **做法**：1. 淀粉、芝麻油、盐、胡椒粉一起混入肉馅中，搅拌均匀后做成肉饼。

2. 将肉饼放在盛着芝麻的盘中滚动，使其沾满芝麻。

3. 将芝麻肉饼放入热油的平底锅中煎熟（图 5），用火腿片卷成火腿卷（图 6）。

【装盒】

先在便当盒对角放好男孩饭团和足球饭团，再在中间斜放主食和配菜。

【小贴士】

若在芝麻肉饼上插上小旗帜，可以令整个便当看起来更加生动活泼。

俄罗斯套娃女孩便当

套在便当盒里的娃娃

打开俄罗斯套娃饭盒，
哇，眼前出现的是
秀色可餐的又一个
俄罗斯套娃！
做法简单、富有装饰感、
又美丽可爱的
俄罗斯套娃便当，
不仅营养丰富，
而且可以培养
孩子的美感。

【菜谱】

· 俄罗斯套娃饭团
· 秋葵蛋卷
· 香肠玫瑰
· 生菜
· 双色格子肉卷
· 鱼肠胸花
· 西蓝花

【制作图解】

图 1

图 2

图 3

图 4

图 5

图 6

【制作过程】

双色格子肉卷（2人份）

· **材料**：猪肉片150克，胡萝卜1/2根，四季豆4根，酱油、味啉适量

· **做法**：1. 四季豆去丝，胡萝卜切成方形细条。

2. 将猪肉片三枚并放，把四季豆和胡萝卜条上下交错在肉片上摆好，卷成肉卷。

3. 肉卷放入热油的平底锅，煎至变色后，加酱油、味啉，盖上锅盖收汁，凉后切段(图1)。

秋葵蛋卷

· **材料**：秋葵2个，鸡蛋1个，盐少许

· **做法**：1. 秋葵去毛，用沸水焯熟。

2. 鸡蛋打散，加少许盐，摊成薄鸡蛋饼，一字排放上两个秋葵，将蛋饼卷起后用保鲜膜包住成形，凉后切段（图2、图3）。

俄罗斯套娃饭团

· **材料**：白米饭半碗，番茄酱少许，海苔，火腿片

· **做法**：1. 白米饭用保鲜膜包裹，团成圆形，放入饭盒顶部（图4）。

2. 用海苔剪出套娃的头发和五官，先将头发贴放在饭团上，再贴五官（图5、图6）。

【装盒】

将饭团装进盒中确认配菜位置后取出，贴上用海苔剪的头发。

【小贴士】

菜肴以对称形式摆放，可以使整个便当看上去更具装饰色彩。

儿童节便当

我的心愿是天天过儿童节！

快乐的儿童节，
打开笑脸饭盒盖，
里面是更加开心的笑脸
和扎着蝴蝶结的礼物。
一年一度的儿童节，
除了爸爸妈妈
安排的节目外，
午餐也给宝贝们一个
小小的惊喜吧！

【菜谱】

· 白米饭　· 火腿花卷　· 芝士　· 西蓝花
· 黄金虾饼　· 芦笋　· 圣女果　· 葡萄

【制作图解】

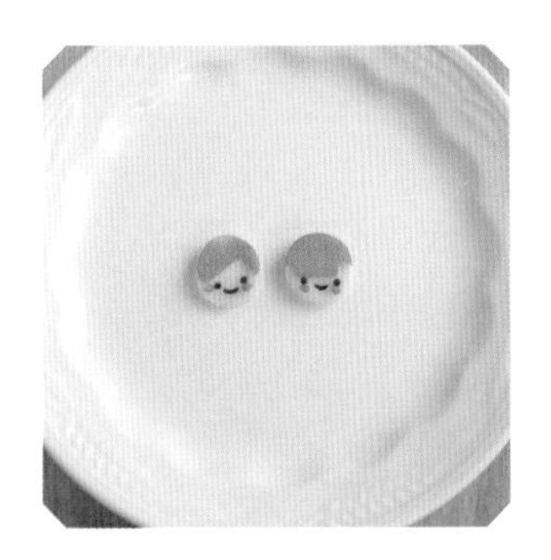

图1

图2

图3

图4

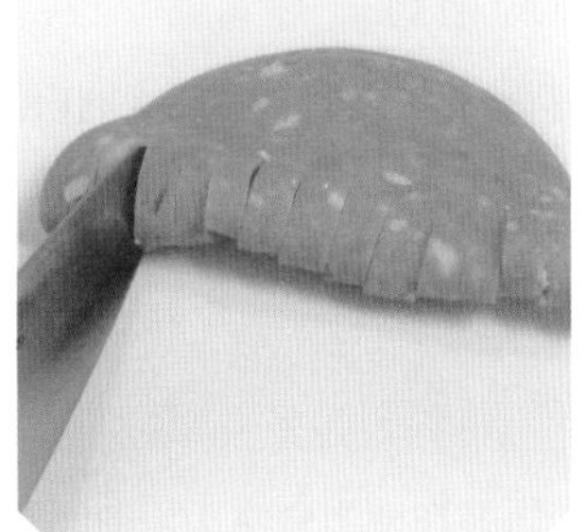

图5

图6

【制作过程】

主食装饰

· **材料**：芝士饼，胡萝卜，海苔

· **做法**：1. 芝士饼切圆形。

2. 胡萝卜用开水焯熟后切薄片，剪成如图发型，贴在芝士片上。贴上海苔剪的眼睛和嘴（图 1）。

黄金虾饼（2 人份）

· **材料**：鱼肉 100 克，大虾 8 只，毛豆数个，洋葱 1/8 个，蛋黄酱 10 克，砂糖适量，面粉 45 克，淀粉 5 克，牛奶 45 克，面包糠适量，盐、胡椒粉少许

· **做法**：1. 洋葱切碎拌砂糖后，用微波炉加热 1 分钟。

2. 大虾去虾线洗净，4 只和鱼肉一起剁成虾泥，4 只和毛豆一起切成小块（图 2）。

3. 将面粉和盐、胡椒粉、蛋黄酱与淀粉混合，倒入 1 和 2 搅拌后团成椭圆（图 3）。

4. 将 3 蘸牛奶后裹上面包糠，放入 160℃油锅中炸至金黄（图 4）。

火腿花卷

· **材料**：火腿 2 片

· **做法**：1. 火腿片对折，等距离切口（图 5）。

2. 将 1 从头卷起，另一片同样卷在一起，用意大利粉固定（图 6）。

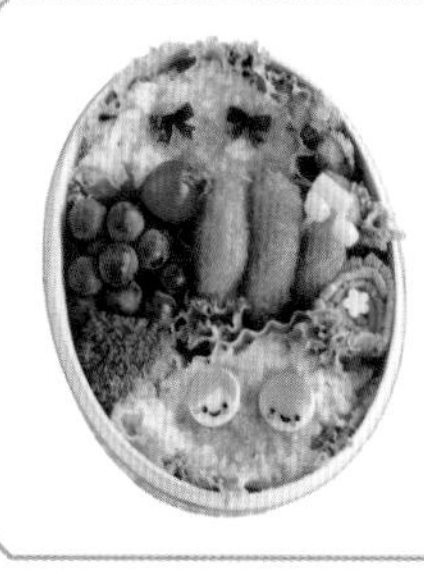

【装盒】

先将米饭装在便当盒两头，中间留出空位，用生菜隔开再放入主菜、配菜及水果。

part3

{ 可爱儿童便当 }

生日快乐便当

土豆泥的生日蛋糕更加有爱

一年一度的生日，
许下美好的心愿，
再吹灭蜡烛，
Happy Birthday，
宝贝我爱你！
便当里的蛋糕，
便当外的蛋糕，
都是妈妈满满的祝愿。

【菜谱】

- 粉色草莓宝贝饭团
- 火腿土豆泥蛋糕
- 圣女果
- 生日鲜果蛋糕
- 牛肉可乐饼
- 鱼糕玫瑰
- 西蓝花

【制作图解】

图 1

图 2

图 3

图 4

图 5

图 6

【制作过程】

粉色草莓宝贝饭团

· **材料**：白米饭，苋菜汁，芝士片，海苔

· **做法**：1. 苋菜汁拌米饭，用保鲜膜包裹做成圆形饭团（图 1）。

2. 胡萝卜用开水焯熟，切薄片，剪成如图发型，贴在芝士片上（图 2）。

3. 贴上用海苔剪的眼睛和嘴，再将芝士片贴在饭团上（图 3）。

火腿土豆泥蛋糕

· **材料**：土豆 1 个，火腿 2 片，芝士片，盐少许

· **做法**：1. 土豆去皮放入耐热容器，加少许水覆盖保鲜膜，用微波炉高火加热 4 分钟，取出捣碎。

2. 火腿片 1 片切碎，和盐少许拌入 1，放进盛杯做型。

3. 用模具分别把芝士片和另一片火腿片压切成形，叠放在火腿土豆泥上，插水果签(图 4)。

牛肉可乐饼（3 人份）

· **材料**：土豆 4 个，牛肉片 200 克，洋葱 1/2 个，鸡蛋 1 个，盐、胡椒粉少许，面粉 100 克，面包糠适量

· **做法**：1. 土豆煮熟，捣碎；牛肉、洋葱切碎，拌盐和胡椒粉。

2. 鸡蛋和面粉加水，混入 1 搅拌后做圆形，裹上面包糠。

3. 放入 170℃油锅炸至金黄（图 5）。

生日鲜果蛋糕

· **材料**：蜂蜜蛋糕 1 块，草莓、奇异果数个，浆果、巧克力糖果、打发奶油适量

· **做法**：1. 草莓奇异果切块，蜂蜜蛋糕切块，分层铺放在容器内。

2. 挤上奶油裱花，装饰草莓、奇异果、浆果和巧克力糖果（图 6）。

【宝贝，生日快乐！】

结婚多年，当注意到自己身体的变化时，事业正万般顺遂，对于是否走进家庭心存迟疑。某日工作回来的电车上，不知不觉地睡着了。梦里天空白光耀眼，一个粉嫩可爱的胖娃娃从光环中探出身，将盛着我最喜欢的芒果布丁的银匙递到我的嘴边。我张开嘴巴时，醒了过来，夕阳正透过车窗映照在我的脸上。这就是关于儿子超和越的胎梦。

怀孕后，读了大量双胞胎育儿、病理医学，以及如何安定情绪的书籍。其中最喜爱的一本书的书名为《我选择了你》。“爸爸，妈妈，请让我这么称呼你们，看到你们相亲相爱地结合在一起，我决心来到这个世界上，我相信你们一定会给我一个丰满的人生……我相信我的选择不会错！”

住院期间，我为超和越画了孕育组图，在标题下写着：“既然你们选择了我，我就一定要让你们幸福！”

孕育的过程，对我来说是无比甜蜜和充满期待的，从第一次胎动的惊喜，到临盆时可以隔着肚皮抓他们不停地踢来撞去的小手小脚，在B超屏幕上看他们吐泡泡，打嗝，每时每刻都是那么新鲜有趣。当宝贝的第一声啼哭，令只能听到器械声和轻柔音乐声的手术室瞬间变成闹市一样欢腾时，那种无以言表的幸福和安定感，在我日后的人生路上一直是最大的抚慰和动力。

宝贝们8岁了，这8年的岁月，对我自身成长而言也是难能可贵的。因为有了他们，我才真正懂得了生活的意义，工作的意义，真正学会了如何去爱，如何去珍惜，学会了表达情感，学会了坦然率真。超和越的诞生之日，也是我的重生之时。

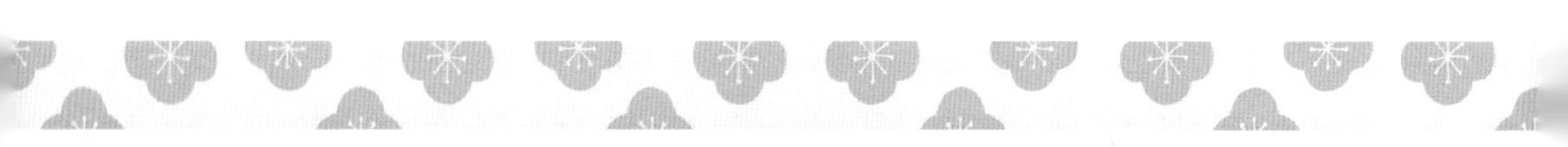

{ 精致节日便当 }

情人节便当

尝到爱的滋味

每年一次的
爱的表白日，
今年要对心爱的人
倾诉什么呢？
鲔鱼厚实的口感味道与
其他菜肴的清新搭配，
就像性格不同的两个人
互相吸引。
双饭团的摆放，有种
你侬我侬的小温馨。

【菜谱】

- 你侬我侬双饭团
- 盐水大虾
- 厚煎鸡蛋卷
- 四季豆
- 生菜
- 素煎鲔鱼
- 秋葵火腿卷
- 香肠红心
- 西蓝花

【制作图解】

图1

图2

图3

图4

图5

图6

【制作过程】

你侬我侬双饭团

· **材料**：白米饭，鱼松，海苔，胡萝卜

· **做法**：白米饭内包鱼松，用保鲜膜包裹做出三角形，贴上用海苔剪的头发、眼睛和嘴，装饰胡萝卜花。

素煎鲔鱼（2 人份）

· **材料**：鲔鱼 250 克，酱油、味啉适量，姜末少许，淀粉

· **做法**：1. 鲔鱼切一口大小的方块（图 1）。
2. 将 1 放入酱油、味啉、姜末中浸泡 20 分钟入味（图 2）。
3. 撒上淀粉，入热油锅煎至外脆里嫩（图 3、图 4）。

香肠红心

· **材料**：红香肠 1 根

· **做法**：将香肠从中间斜切，两面头向上对在一起，用水果签或意大利粉固定（图 5、图 6）。

【装盒】

将素煎鲔鱼装在盒中，盐水大虾、鸡蛋卷等放在旁边，空隙处用生菜和西蓝花填充。

【小贴士】

一根香肠斜切成两段，可以拼成一颗红心。简单的心思，能制造浪漫的惊喜。

【情人节的日子】

正月一结束，日本的商场就突然热闹起来，从此开始持续一个月之久的巧克力商战。

每年除了令人兴奋不已的各式巧克力，甜品店还推出花样繁多的巧克力系蛋糕，设计新巧，构思绝妙，看着都想买回家收藏。书店也毫不示弱，巧克力甜点制作教程的书籍，在这期间也会铺天盖地地上架。

日本的2月14日是女生向男生表白的日子。平日羞于启齿的恋慕之情，在这天可以借助一盒巧克力来倾吐心意。如果男孩子有意，就会在3月14日的白色情人节回赠精心挑选的礼物。

非常具有日本特色的是，巧克力礼物分为“义理”和“本命”。“义理”巧克力主要是对身边的男性同胞或职场的同事表达一种“承蒙平日关照”的感谢之情。因为相处有深浅，所以说是“义理”，也有些不得已的心情。尤其在职场，为了不偏不倚，女性职员会事前商定“标准价格”，在统一价格范畴内，各自挑选巧克力，情人节当天早上一起送给同事们。也有集资购买的，这样比较经济。总之男性同事们不管是否婚娶、是否有人气，基本上都会收到几盒巧克力。

在这个只要掏钱就能买到一切的环境中，如果女生们选择用最费时费力的“亲手制作”的巧克力甜点，就能凸显“本命”在自己心目中的地位。所以说，书店里那些看得见吃不到的巧克力甜点书，才是更受女生们热捧的“必胜指南”。由此产生的是琳琅满目的手工甜点材料、工具和包装用品。

我家里有三个“本命”情人，等待情人节的日子，每天都充满激情。

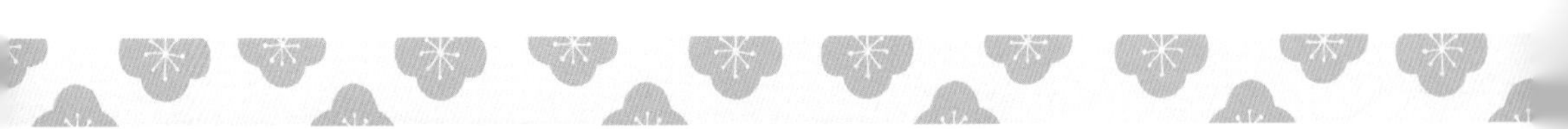

母亲节便当

康乃馨说妈妈我爱你

有滋有味的土豆肉卷，
土豆里浸满肉香，
肉卷里带着
土豆的口感。
羊栖菜富含营养，
适合每个年龄层。
深沉的爱，
往往埋藏在
质朴的形式里。

【菜谱】

· 白米饭
· 什锦菜松
· 菜饰康乃馨
· 土豆肉卷
· 家常三色豆羊栖菜
· 西蓝花沙拉
· 圣女果
· 葡萄

【制作图解】

图 1

图 2

图 3

图 4

图 5

图 6

【制作过程】

白米饭，菜饰康乃馨

· **材料**：白米饭，胡萝卜片，荷兰豆，火腿

· **做法**：1. 胡萝卜片用沸腾的盐水焯熟，沥干冷却后切三角形，在底边切锯齿，反转后数片交叠。

2. 荷兰豆沸水焯熟，切出茎、叶形状。

3. 火腿片剪出蝴蝶结形。

土豆肉卷（4人份）

· **材料**：肉馅300克，土豆3个，鸡精5克，盐、胡椒粉适量，肉豆蔻少许，鸡蛋1个，酱油12克，味啉10克，料酒、砂糖适量

· **做法**：1. 土豆去皮洗净，切成长条（图1）。

2. 肉馅里拌入盐、胡椒粉、肉豆蔻、鸡蛋和少许淀粉，搅拌均匀后备用（图2）。

3. 用2的肉馅裹住土豆条成形（图3）。

4. 将3的土豆肉卷放热油锅里煎至变熟后，加酱油、味啉、砂糖、料酒，盖上锅盖，直至收汁（图4、图5）。

家常三色豆羊栖菜

· **材料**：花豆、毛豆、黄豆适量，羊栖菜一盒，胡萝卜 1/2 根，酱油30克，砂糖、味啉适量，盐少许

· **做法**：1. 先把干羊栖菜入水浸泡，沥干切细。

2. 花豆、黄豆泡一夜后煮熟，毛豆用盐水煮熟，剥豆。

3. 热油锅里下入羊栖菜翻炒后，加入三种豆，加水和酱油、砂糖、味啉调味，直至收汁（图6）。

大约两岁的时候，每天黄昏，爸爸都会拉着我的手一起去接妈妈。那时觉得妈妈医院的围墙很高，墙里墙外长满各色花草，通往医院正门的两侧是芬芳宜人的丁香树，欲开还抱，紫里裹白，秀内朴外。每次我都站在那里嗅着花香，直到听爸爸说“看看谁来了”，我才扑进笑盈盈看着我的妈妈的怀里。记忆里，妈妈就像丁香花。

妈妈很忙，半夜里常被医院的车接走，一个大手术要消耗几个甚至十几个小时，快近中午疲惫地回到家里的妈妈，休息前还会把我揽在怀里，给我念小人书，然后搂着我入眠。为了不压痛妈妈的手臂，我一直直着脖子瞪着眼睛僵挺在妈妈怀里。那时起我就有了分辨脚步声的能力，最早分辨出来的就是妈妈回家的脚步声。

3 岁那年的春天，爸爸对我说：“一起去看妈妈和小妹妹吧。”病房里，我看到了妈妈怀里十分可爱的婴儿。那以后，我就有了个人见人爱的妹妹。接妈妈回家的路，变成了四口人手拉手。

爸爸非常会讲故事，他常会讲给妈妈听。每天晚上关了灯开始讲，讲一会儿悄声问“你睡着了吗”。听着妈妈轻轻的鼾声，爸爸笑笑也睡了。只有我一个人惦记着故事的结局，在那里辗转反侧。

直到自己做了母亲，才慢慢体会妈妈那无时不在的关爱和包容。每次回家，欢天喜地忙碌做饭的妈妈，一如既往地笑着对我说：“多吃点儿，再多吃点儿。”孩子到什么时候，都是妈妈的孩子，只要吃胖，她就高兴。

5 月母亲节，捧一束红色康乃馨，献给最亲爱的母亲，不做令母亲伤心的事，不做令母亲担心的事，守护母亲的幸福和笑容。

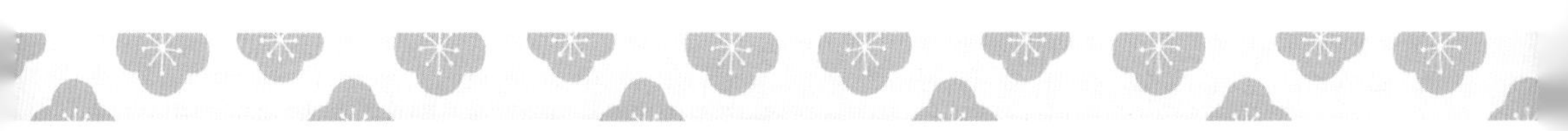

{精致节日便当}

中秋节便当

住着小兔的芝士月亮

明月当空，
枫叶流丹，
小小饭盒里凝缩着
天涯共此时的夜晚。
便当最典型的
芝士汉堡肉饼，
用芝士来表现中秋月，
美食也浪漫起来了。

【菜谱】

· 小兔拜月饭团
· 蔬菜双色蛋卷
· 圣女果
· 芝士汉堡肉饼
· 西蓝花
· 生菜

【制作图解】

图 1　图 2　图 3

图 4　图 5　图 6

【制作过程】

芝士汉堡肉饼（4人份）

· **材料**：猪肉或牛肉馅300克，洋葱1/2个，面包糠15克，牛奶30克，鸡蛋1个，盐、胡椒粉少许，肉豆蔻少许，红酒30克，芝士片

· **做法**：1. 洋葱切碎炒熟，冷却。

2. 将肉馅、面包糠、牛奶、鸡蛋、盐、胡椒粉，以及肉豆蔻和1一起，用手揉捏搅拌至黏稠，分成数等份，一面排出空气，一面成形后，放进冰箱冷却（图1）。

3. 平底锅热油，将成形后的肉饼摆放在锅内，先用强火煎出颜色，倒入红酒，加盖，熟透（图2、图3）。

蔬菜双色蛋卷

· **材料**：鸡蛋2个，韭菜数根，胡萝卜1/3根，盐少许

· **做法**：1. 韭菜、胡萝卜切碎，放入打散的鸡蛋液中，加少许盐搅拌均匀（图4）。

2. 煎蛋锅涂薄薄一层油，分2~3次将蛋汁倒入煎蛋锅，熟后从头卷起，再倒入余下的蛋汁，最后制成蛋卷（图5、图6）。

【装盒】

先固定饭团和汉堡肉饼主菜的位置。因为蛋卷是黄色为主，所以为了和主菜的芝士片区分，应注意加隔菜和圣女果调色。

【小贴士】

小兔采用了负形，遥遥相对的画面更加有趣、耐人寻味。

{ 精致节日便当 }

国庆节便当

花朵向太阳

向阳的花朵，
飘扬的五星红旗，
让我们一起欢度国庆节。
番茄炒饭配合
肉卷小辣椒，
滋味醇厚的一盒
午餐就这样诞生了。

【菜谱】

· 五星番茄炒饭
· 香芹拌鱿鱼干
· 生菜
· 肉卷小辣椒
· 香肠蛋卷向日葵

【制作图解】

图1 图2 图3

图4 图5 图6

【制作过程】

五星番茄炒饭

· **材料**：白米饭，番茄酱，蛋黄

· **做法**：1. 热油炒白米饭，加入番茄酱，色泽均匀飘香出勺。

2. 蛋黄打散，煎蛋饼，用模具扣出五星。

肉卷小辣椒（3 人份）

· **材料**：猪肉片 250 克，小辣椒数个，酱油、味啉适量

· **做法**：1. 用肉片将小辣椒缠起（图 1）。

2. 放入锅中煎至变色，加酱油、味啉，烧到收汁（图 2、图 3）。

香芹拌鱿鱼干

· **材料**：鱿鱼干，香芹，盐少许，芝麻油、芝麻适量

· **做法**：1. 鱿鱼干用温水泡软去盐。

2. 香芹切薄片，沸水焯熟，冷却。

3. 将 1 和 2 拌在一起，加盐和芝麻油搅拌均匀，最后撒芝麻（图 4、图 5）。

香肠蛋卷向日葵

· **材料**：香肠，鸡蛋（火腿片）

· **做法**：1. 香肠从中间切开，在断面处切小格子，用沸水焯过。

2. 鸡蛋打散煎薄蛋饼，对折，切等距离刀口。

3. 裹住香肠从头卷起，最后用意大利粉固定（图 6）。

圣诞节便当

圣诞老人带来的最好礼物

用简单的装饰，
表现华丽的节日。
一年中最后的节日，
准备好精心挑选的礼物，
点燃蛋糕上的蜡烛，
Merry Christmas！

【菜谱】

· 圣诞老人饭团
· 圣诞树饭团
· 酱汁肉卷
· 紫苏海米蛋卷
· 西蓝花
· 生菜

【制作图解】

图1

图2

图3

图4

图5

图6

【制作过程】

圣诞老人饭团

· **材料**：白米饭半碗，菠菜粉适量，胡萝卜、火腿片、芝士片、海苔、盐少许

· **做法**：1. 米饭里放入菠菜粉和少许盐，搅拌均匀，用保鲜膜包裹做出圆饭团。

2. 芝士片用牙签划切出波浪和锯齿形状。胡萝卜切三角形和圆柱形，火腿片切圆形。

3. 将2组合起来，加上用海苔剪的眼睛（图1、图2）。

圣诞树饭团

· **材料**：白米饭半碗，菠菜粉适量，黄瓜1/2根，胡萝卜、芝士片、盐少许

· **做法**：1. 米饭里放入菠菜粉和少许盐搅拌均匀，用保鲜膜包裹做成圆饭团。

2. 黄瓜削皮，在皮上刻出树形。

3. 胡萝卜和芝士用模具扣花形和圆点，放在2上，做成圣诞树（图3）。

酱汁肉卷（3 ~ 4人份）

· **材料**：猪肉片250克，胡椒粉、鸡精少许，味啉、酱油、淀粉适量

· **做法**：1. 猪肉片摊开，将胡椒粉、鸡精和淀粉均匀撒在肉片上，再把肉片卷起（图4）。

2. 将卷好的肉卷放入热油锅中煎至变色，倒入酱油和味啉，加盖，烧至收汁（图5）。

紫苏海米蛋卷（2人份）

· **材料**：鸡蛋2个，海米适量，紫苏叶1片，盐少许

· **做法**：1. 海米略煎炒，紫苏切碎。鸡蛋打散后，加入盐和海米、紫苏，搅拌均匀。

2. 煎蛋锅烧热后从火上移开，放在湿抹布上降温，倒入1/3蛋汁。

3. 将煎蛋锅重新放回火上，以小火煎熟鸡蛋后，用铲勺将蛋饼轻轻从前方卷起，再倒入1/3蛋液。依前顺序，至最后全部鸡蛋煎熟卷起，出锅冷却，切段（图6）。

【暖心圣诞】

Jingle bells, jingle bells, jingle all the way.

日本的圣诞季，来得很早。每年 11 月上旬，街上就已经出现了各色霓虹灯饰、圣诞树，还会播放着绕耳不绝的圣诞曲。商场里更加热闹，红、绿、金、银、白……各种礼品、各式蛋糕纷纷上市。女人们惦记着送什么样的礼物、做什么样的料理和蛋糕给自己心爱的人们，心开始雀跃。

传说在很久很久以前，小亚细亚的城镇米拉，有位尼古拉斯司教。他因为知道镇上一个贫寒人家的女孩不能出嫁，于是从窗口投入金币。第二天，一家人发现了金币十分开心，女儿也因此出嫁过上了幸福生活。这件事在镇里传开，人们称司教为“圣尼古拉斯”，以示尊敬。因为司教偶然将金币投进挂在暖炉旁的袜子里，所以在圣诞节将礼物放入圣诞袜也就成了一种习俗。“圣尼古拉斯”后来演变成“Santa Claus”。平安夜，Santa Claus 为了给孩子们赠送礼物，驾乘由 12 只驯鹿拉着的雪橇奔驰在夜空中。

每年的圣诞节，早起的儿子们都带着惊喜的眼光抱住枕边的礼物，拉着我的手说：“妈妈我看到圣诞老人了，白白的胡子，还对我说‘圣诞快乐’呢！”

呐，亲爱的，我一直在想，如果圣诞节只是庆祝耶稣诞生的日子，或许我不会感觉如此亲切吧。对我来说，圣诞节是个充满心愿的节日，就像冷天里取暖，或者像慢慢地品着茶，让心情一点点热起来，一点点融化着，然后静静地等待一个奇迹的日子。和你们在一起的美丽、温柔而平稳的人生，像一个永远延续着的奇迹。不，不是奇迹，我相信它就是我的现实。Merry Christmas! 你是我的耶稣，你是我的 Santa Claus。

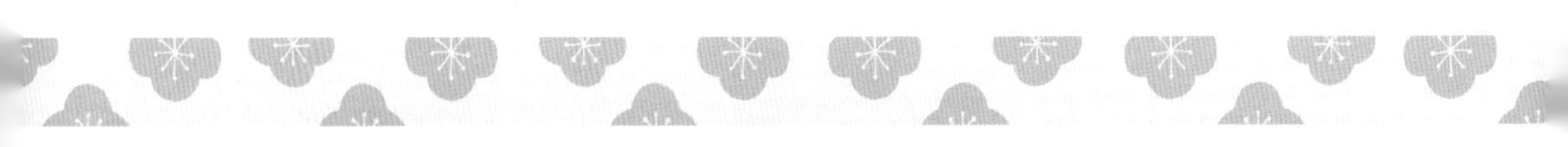

{ 精致节日便当 }

豪华郊游便当

一家人一起享受最幸福

初春的新绿，
入秋的金红，
带上豪华美味，
同家人和友人一起去
郊游吧！
主食配菜甜点水果，
品尝非日常的美味，
分享最愉悦的时光。

【菜谱】

· 双色花样饭团　· 香炸鸡条　· 紫苏软炸里脊　· 西蓝花　· 甜甜圈（siretoco 商品加工）

· 春卷　· 青菜蛋卷　· 咖喱炸饺　· 圣女果　· 葡萄

· 三椒肉卷　· 炸扇贝球　· 火腿花　· 生菜　· 奇异果

【制作图解】

图 1

图 2

图 3

图 4

图 5

图 6

图7

图8

图9

【制作过程】

双色花样饭团（紫色饭团）

· **材料：**黑米，芝士片

· **做法：**1. 煮白米饭时加少量黑米。将煮好的饭用保鲜膜包裹做成球形。

2. 将芝士片切成花形，用意大利粉固定在饭团上。

双色花样饭团（黄色饭团）

· **材料：**白米饭，熟蛋黄，盐少许，海苔

· **做法：**1. 米饭里放入捣碎的熟蛋黄和少许盐搅拌后，用保鲜膜包裹做成球形。

2. 将海苔的剪花贴在饭团上（图1）。

配菜盒之一：三椒肉卷（4人份）

· **材料：**红、黄椒各1个，青椒2个，肉片300克，酱油、味啉适量

· **做法：**1. 肉片摊开，两片并放，红黄青椒洗净去籽切丝，卷入肉片中。

2. 将1的肉卷放入烧热油的平底锅中，煎至变色，倒入水、酱油、味啉，至收汤。凉后切段（图2）。

配菜盒之一：青菜蛋卷（4人份）

· **材料**：青菜叶适量，鸡蛋3个，盐少许

· **做法**：1. 青菜叶洗净切细丝，鸡蛋打散，加青菜叶和少许盐拌匀。

2. 将1的蛋汁，每一个鸡蛋的蛋汁分三次倒入煎蛋锅，煎熟卷起再倒余下部分，分三次做成一个蛋卷。凉后切段。

配菜盒之一：香炸鸡条（4人份）

· **材料**：鸡脯肉3块，芝麻150克，酱油、味啉各20克，面粉适量

· **做法**：1. 将鸡脯肉割筋切条，浸泡在酱油和味啉里30分钟。

2. 用水与面粉和成面糊，将入味的鸡肉条裹上面糊，再滚上芝麻。

3. 油锅烧至170℃，放入芝麻鸡条，炸至金黄色（图3）。

配菜盒之二：炸扇贝球（4人份）

· **材料**：扇贝250克，姜末、盐、鸡精、胡椒粉、料酒、面粉适量

· **做法**：1. 将扇贝浸泡在姜末、盐、鸡精、胡椒粉、料酒调制的汁汤里20分钟入味。

2. 把1的扇贝裹面粉，放入170℃的油锅中炸至金黄（图4、图5）。

配菜盒之三：紫苏软炸里脊（4人份）

· **材料**：猪里脊肉200克，紫苏数片，鸡蛋4个，料酒30克，淀粉30克，鸡精、盐少许

· **做法**：1. 里脊肉切薄块，加盐、鸡精、料酒拌匀，腌渍入味。

2. 将蛋清打出泡沫，加淀粉制成蛋糊。入味的里脊用紫苏包起，蘸蛋糊。

3. 放入170℃的油锅里煎至金黄（图6）。

配菜盒之三：咖喱炸饺（4人份）

· **材料**：馄饨皮30张，肉馅300克，咖喱糊（或粉）适量

· **做法**：1. 肉馅放入热油锅炒至变色，加咖喱糊（或粉），炒熟入味，出锅，沥干汤汁。

2. 用馄饨皮包咖喱肉馅，制成三角形。

3. 放入180℃的油锅炸至金黄色（图7、图8）。

水果盒：葡萄，奇异果

· **材料**：葡萄数颗，奇异果1个

· **做法**：葡萄洗净，奇异果去皮切片（图9）。

【装盒】

装盒时分成主食、配菜、点心类、水果类盒装，菜肴之间可用隔板隔开。

【小贴士】

1. 因为人多分量大，所以为了每个人吃起来都比较方便，饭团和菜肴的大小和形状都要加以注意。

2. 甜点类，可以自制，也可以购买成品略作加工，可令野餐更添趣味。

小时候家里三世同堂，每逢假期，都会跟着外婆去乡下亲戚家里住几天，不用说夏天鲜美的空气，芬芳的草地，晶莹的露珠，眩目的花朵，新鲜的蔬果，清冽的泉水，就是冬天也充满风情。尤其在乡下过年，杀猪宰羊，套锦鸡狍子，摆几大桌子美餐一顿之后，一大家子亲朋好友，围坐一处搓起牌九，我偎在外婆身后，炕暖暖的，欢声笑语渐渐变得模糊朦胧，隐约感到大人拿被子盖在我身上，那是一种沁入心脾的安心和幸福……

我父母也是好客的人，总是有朋友聚到家中，一起吃饭喝酒聊天，最后打几桌麻将。妈妈会预备很长的菜单，做满满一大桌美味佳肴。她每次新尝到一种菜，就会学来做法，然后在下次聚会时添进新菜单中。妈妈喜欢看大家开心地吃她做的饭菜，我和妹妹小时候，常常说自己被她"填鸭"。

我爱在妈妈身边帮忙，其实就是为了顺手牵羊地往嘴里塞新出锅的菜肴。妈妈的拿手料理我不大清楚，印象里总是色彩缤纷的一片。或许从小时候起，我对美食的憧憬和热爱就牢牢地融入骨髓里了。

一直喜欢大家族团圆，喜欢兄弟姐妹朋友欢聚，可是现在的亲朋们都很忙，即使相隔不远，交通便利，大家维系感情的也只是电话和 E-mail。慢慢地，电话的时间也少了，交流的都是看不到表情的文字。所以，很期待相约在一起，去踏青赏花。

家附近有两处赏樱花圣地，每年都吸引着无数的郊游赏花客。晴空下，草坪上，落英缤纷，饕餮盛宴，笑语欢声……从拟定菜单起，这幸福的时间就开始了。